中国轻工业"十四五"规划教材

自动机械结构与应用

刘安静　周文玲　主编
李湘伟　苟向民　参编

中国轻工业出版社

图书在版编目（CIP）数据

自动机械结构与应用/刘安静,周文玲主编. --北京：
中国轻工业出版社, 2024. 11. --ISBN 978-7-5184-
5106-7

Ⅰ．TH112

中国国家版本馆 CIP 数据核字第 2024GQ8049 号

责任编辑：杜宇芳　　责任终审：李　萌
文字编辑：武代群　　责任校对：吴大朋　　封面设计：锋尚设计
策划编辑：杜宇芳　　版式设计：致诚图文　　责任监印：张　可

出版发行：中国轻工业出版社（北京鲁谷东街 5 号，邮编： 100040）

印　　刷：三河市万龙印装有限公司

经　　销：各地新华书店

版　　次：2024 年 11 月第 1 版第 1 次印刷

开　　本：787×1092　1 / 16　印张：11

字　　数：270 千字

书　　号：ISBN 978-7-5184-5106-7　定价：49. 80 元

邮购电话：010-85119873

发行电话：010-85119832　010-85119912

网　　址：http://www.chlip.com.cn

Email：club@ chlip. com. cn

前　言

《自动机械结构与应用》是中国轻工业联合会教育工作分会组织的中国轻工业"十四五"规划教材。

编写团队以贯彻党的二十大精神，建设中国式现代化为中心，深刻领会《关于推动现代职业教育高质量发展的意见》（中办发〔2021〕43号）、《"十四五"职业教育规划教材建设实施方案》（教职成厅〔2021〕3号）、《教育部办公厅关于组织开展"十四五"首批职业教育国家规划教材遴选工作的通知》（教职成厅函〔2021〕25号）有关教材建设文件精神，推广新质生产力，落实立德树人、弘扬中华文化、培养时代工匠人才的宗旨。

本教材的编写依据智能装备技术标准及职业教育相关专业教学指导委员会制定的课程教学标准，总结多年来从事智能装备设计研究及教学的实践经验，以及在职业院校教学一线取得的成果。全书以实践应用为目的，精选教学内容编写而成。是一本重点服务先进制造、人工智能、新材料等产业领域的专业课程教材。

全书由校、企、研多方专业技术人员组成编写团队。编写力求简明易懂，引入典型应用，深入浅出地提出与分析问题，具有启发性，充分体现职业教育特点。本书可作为50~70学时的高等职业院校装备制造大类的机电设备技术、包装工程技术、自动化技术等专业或方向的教学用书，也可作为相关专业的高本衔接使用教材。另外可供自动生产线设备制造及使用行业的技术人员参考使用。

全书共编写8章，有三大模块内容。模块1包括第1、第2章，介绍自动机械及自动线的生产率及分析、工作循环图的表达、工艺方案选择等，融入素质教育，使学生了解行业优势，养成严谨认真、细心耐心的良好学习作风。模块2包括第3、第4、第5章，介绍了自动机械常用装置，集各种机构的典型性、通用性和实用性为一体，通过分析，培养学生养成仔细观察、认真分析、精益求精的精神风貌。模块3包括第6、第7、第8章，介绍了典型自动机械与生产线应用，是前两模块知识的综合应用，通过实例，培养学生探索实干的工匠精神，使其掌握触类旁通的科学学习方法。

全书在借鉴相关自动机械技术文献的基础上，将抽象的概念和专业名词通俗化，将复杂的工艺原理及设备流程分析形象化，穿插相关视频，和生活实际紧密贴合，有助于读者理解。书中还介绍了一些日用品的自动化生产新技术、新工艺，课后的思考及综合分析题具有启发性。本书配有相关技术应用视频、电子课件和授课教案框架，需要者可与出版社联系，或联系主编（邮箱：liuaj. sxfp64@ 163. com；电话：13622264408）。

本书由刘安静负责统稿，并编写第 1~第 3 章，轻工业西安机械设计研究院有限公司苟向民编写第 4 章，李湘伟编写第 5 章，周文玲编写第 6~第 8 章。由刘安静和周文玲负责图表绘制及课件制作，由戚长政教授和杭州中亚机械股份有限公司高级工程师侯高强担任主审，广东省食品包装和机械行业协会多家会员单位及全国轻工机械标准饮料机械分委会的技术人员参与审稿。专家们精心审阅，提出了许多建设性意见，在此表示衷心的感谢！

本书从选题到立项，得到中国轻工业联合会教育工作分会的大力支持。编写团队在编写过程中参考了许多文献，未能全部列举，谨向各位作者表示衷心感谢！限于编者水平，书中难免有不妥之处，敬请各位专家和广大读者给予批评指正，谢谢！

编者

2024 年 3 月

目 录

第1章 自动机械概论

第2章 自动机械与自动线的设计分析

第3章　自动机械的常用装置分析

第4章　机械手结构与机器人应用

第5章　自动机械的检测与控制

第6章　典型自动机械应用

第7章　典型自动生产线实例

第8章　自动机械设计及实例

第1章　自动机械概论

"工欲善其事，必先利其器"，工具是提高生产力的关键因素，工具与创造力紧密相连。机械是人们战胜自然、生存发展的重要工具，技术创新的一个重要标志是机械的自动化程度。自动机械及其智能化是现代社会生产生活发展的基础和动力，是工农业生产实现机械化和自动化的必然结果，是尽快实现中国式现代化的坚强保障。

本章简要介绍自动机械与自动化生产线的概念、地位、科技发展现状、分类、特点，以及本课程的学习要点与方法。

1.1　概　　述

1.1.1　自动机械及其特点

机械是从运动的角度对机构和机器的统称。工具、机构、机器、自动机械等都是人类在长期生产实践中发明和创造的。人们自从使用机械代替原始工具，就使手和足的功能得以延伸和发展；自从使用自动机械或机器人代替一般机械，又使大脑的功能得以延伸和发展。

如今，精密机械技术、控制技术、计算机技术、伺服驱动技术、传感检测技术、人工智能和信息处理技术等关键技术，促使传统机械脱胎换骨，逐步形成了可以不用人工或很少人工参与就能完成各种生产任务的新一代机械。

所谓自动机械，即在没有操作人员直接参与的情况下，组成机器的各个功能机构能自动实现协调动作，在一定工作周期内完成规定工作循环的自动机器，即自动上料、自动加工处理、自动完成成品输出。自动机械是现代工厂自动化（FA）的核心设备，它充分利用现代工业控制技术单元装置，如可编程逻辑控制器（PLC）、触摸屏、无线通信技术、时间与位移控制技术等，各种传感技术，如光电开关、限位开关、接近开关等，各种图像处理装置、视觉系统、激光数码识别装置及特殊处理装置等，以实现高品质、高生产率、轻载化及节能化的现代工农业生产。

各个行业使用着不同形式的自动机械，有农业自动机械、工业自动机械、轻工业自动机械、物流自动机械、信息交换迭代机械等。不同行业使用的自动机械有其各自的特点，与人民生活紧密相关的轻工业自动机械具有以下特点。

（1）功能品种多，原材料多样。轻工业服务于人民生活的各个方面，轻工业自动机械加工材料多样、加工性质多样。如把粮食加工成酒精，把草木纤维加工成纸，把甘蔗加工成糖，把沙土矿材加工成陶瓷用品等，还有烟草加工机械中的真空回潮机、制糖机械中的甘蔗压榨机等是完成物理加工的，酿造工业中的发酵设备是完成生化加工的，照明发光元件的绕丝机是完成机械加工的。

轻工机械品种多，给设计制造带来了挑战。在同一条产品加工生产线中往往包含多种不同性质的加工，给生产线设计增加了难度。例如，陶瓷生产线包含沙土矿石粉碎研磨配料（物理加工）、挤压成型（机械加工）、烧成定型（化学加工）等多种性质的加工。

（2）生产效率要求高，自动化程度先进。人类基数庞大，消费总量大，为满足人民生存生活的迫切需求，必须大批量生产各类轻工产品，因此需要各种生产率高、自动化程度高的轻工机械，如 7.2 万瓶/h 以上的啤酒灌装生产线、12 万罐/h 的易拉罐灌装生产线、2000 粒/min 的糖果或药粒包装机、8000 支/min 的卷烟机、400 小包/min 的烟包机、2 万张/h 以上的印刷机等。

（3）动作多样，机械结构复杂。轻工机械的机构动作多是模仿人手工作，轻工产品生产的工艺原理和工艺过程比较复杂，因此，机构设计和机构动作协调就十分重要。轻工机械工作载荷一般较小，强度要求低而刚度和稳定性要求高。

（4）存在一定的振动及噪声。轻工机械大多是周期性的工作，在一个周期内载荷不均匀会产生冲击，同时现代轻工机械越来越趋向高速化，而机械高速所引起的振动及噪声，成为制约产品质量和提高生产率的重要因素。

1.1.2 自动机械的地位和现状

改革开放以来，我国以自动机械与自动生产线为主的装备制造业得到了长足的发展，形成了有相当规模和一定水平、门类齐全、能基本满足需求，又有一定国际竞争能力的生产体系。工农业生产的迅速发展与装备工业的机械化和自动化程度不断提高有着极大关系。

提高装备制造业机械化和自动化程度，就必须大力发展并使用自动机械和自动化生产线。目前机械制造企业逐步走向专业化生产，已能独立自主进行从单机到成套设备乃至自动生产线的设计与制造，其中不少的自动机与生产线等已接近、达到或部分超过国际先进水平，在国际市场占有越来越重要的地位。

不少生产企业从国外引进了相当数量、具有现代技术水平的自动机和自动生产线成套设备，这些设备的引进、使用和技术改造，又推动了装备行业机械化和自动化程度的提高，进一步提高了产品的市场竞争力。

另外，我国还成立了一批工农业机械研究设计院所，在大、中专学校设立装备制造类专业，形成了一套完整的人才培养、技术开发设计、产品生产制造和管理的装备业发展体系。同时，新材料、新工艺、新技术的不断出现，推动自动机械和生产线向智能化的方向发展。

1.2 自动机械的分类

自动机械的分类方法有很多种，通常按自动化程度、结构与功能组成进行分类。还有按产品生产工艺原理过程、行业等进行分类，这里不再详述。

1.2.1 按自动化程度分类

根据自动机械工作时人工参与的程度来分，可分为自动机械、半自动机械和非自动机械。

（1）自动机械。自动机械经过调试运行，无须人工参与，组成机器的各个机构或装置就能自动协调、连续地完成产品的加工循环，简称自动机。例如，用于卷烟包装行业的自动机称为自动卷烟包装机。自动机械应用于产品的大批量生产。

（2）半自动机械。半自动机械能自动地完成除工件的上料和卸料以外的一次加工循环，简称半自动机。例如，有些产品的冲压就是由人工进行上、卸料的，这就属于半自动冲压机。

（3）非自动机械。非自动机械即一般机械，需要人工参与才能完成产品的加工工作循环。

1.2.2　按结构与功能分类

按结构与功能，分为成型机械、加工处理机械、过程机械、装配机械和包装机械。

（1）成型机械。成型机械工作时通过冲压变形、模具成型，更换模具及工艺参数，即可生产不同规格的产品。主要工艺原理为热塑、压注及冲压等。例如，陶瓷滚压成型机、玻璃和塑料制瓶机、灯泡吹泡机、塑料注射成型机，以及广泛用于铝制品、小五金行业的冲压机等均属此类机械。

（2）加工处理机械。加工处理机械的工作原理、工艺、使用工具等方面，与金属切削机床相似，以刀具为切削工具，通过刀具的运动完成加工处理工作，如皮革片皮机、火柴切梗机、切草机、面包切片机，以及各种专用机床等均属此类机械。

（3）过程机械。过程机械工作时物料在机器内运动，通过改变温度、压力、湿度等参数，使物料发生化学或物理变化来实现功能，如超声波洗瓶机、化肥造粒机、雪糕机等，在化工、食品和医药生产中应用较多。

（4）装配机械。装配机械工作时借助于装配专用工具或机械手，按预定程序将零件装配成部件或产品，如链条装配机、轴承装配机、圆珠笔装配机、锁具装配机、制鞋机等均属此类机械。

（5）包装机械。包装机械的功能和原理类似于装配机械，因其工艺原理有一定特殊性，故形成一种独立的机械类型。其动作包括包装材料与被包装物料的输送供料、裁切、称量、包封成型、贴标、计数、成品输送等，如袋装机、灌装机、贴标机、装箱机、捆扎机等均属此类机械。

总之，自动机械的种类、品种繁多。本书重点选择轻工、食品、包装、机电行业中自动化程度较高，且具有先进水平和行业代表性的自动机械作为研究和讲述对象，目的是使读者能触类旁通，通过个别了解共性。

1.3　自动机械的组成与控制

1.3.1　自动机械的结构组成

自动机械由各功能模块组成。如图 1-1 中的自动冲压成型机，按其主要功能可分四个

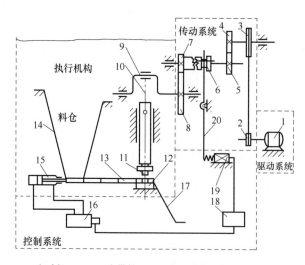

1—电动机　2、3—皮带轮　4、5、7、8—齿轮　6—离合器
9—曲轴　10—冲杆　11—冲头　12—下模　13—毛坯
14—料仓　15—推料装置　16—控制阀　17—落料板
18—控制装置　19—电磁铁　20—杠杆
图 1-1　自动冲压成型机组成示意

系统，分别是驱动系统、传动系统、执行机构和控制系统。

（1）驱动系统。驱动系统是自动机械的动力来源，为整机提供动力和运动。常见的有电机驱动、电磁驱动、液压驱动、气压驱动，以及多种动力组合等。图 1-1 中采用电动机驱动。

（2）传动系统。传动系统将动力和运动传递给自动机械的各执行机构或辅助机构，保证各执行机构协调工作，可实现改变速度和运动方向、改变运动形式、改变动力的形式和大小等。图 1-1 中右上角虚线框部分为传动系统。

（3）执行机构。执行机构是实现自动化工艺操作和辅助操作的系统，包含工艺操作机构、辅助操作机构。如车床加工工件时，工艺操作为车削过程，辅助操作有工件和刀具的装夹、磨刀、工件的检测、转位机构等。如图 1-1 中左上角虚线框部分为执行机构。

（4）控制系统。控制系统控制着自动机的驱动系统、传动系统、执行机构等，将运动或动力分配给各个执行机构，使它们按照时间或位置顺序协调动作，实现工艺流程，完成自动化生产。控制系统要保证整机各执行单元运动准确无误，动作协调一致，始终发挥着类似人类神经系统一样的重要作用。

1.3.2　自动机械的控制方式

自动机械工作中，各执行机构按照工艺要求的动作顺序、持续时间、计量、预警、故障诊断和自动维修等，都由控制系统来实施完成。

按照机构各动作工作时占有时间或空间的物理量，有时序控制和行程控制两种控制方式。

（1）时序控制。时序控制是指按时间先后顺序发出指令进行操纵的一种控制系统。例如，扭结式糖果包装机的送糖、送纸、折纸、扭纸、落糖等动作顺序，靠凸轮分配轴来操纵，这是一种纯机械式的时序控制系统。印刷机供纸机的上纸、分纸、送纸等动作的顺序，靠协调凸轮和各种气动控制阀来操纵，这是一种气动式的时序控制系统。此外，还有液压式、电气式和数码电子式时序控制系统，如数控机床、加工中心、数控塑料成型机等自动机械就是利用微处理器或微型电子计算机和伺服电动机，控制自动机各机构顺序并协调动作，从而完成产品加工工艺。

时序控制一般是集中在一个地点发出指令，如凸轮分配轴、转鼓或数字脉冲、分配器等。具有以下特点：

① 能完成任意复杂的工作循环，各种信号都能通过凸轮的轮廓线或连杆机构尺寸参数的设计，来满足运动学或动力学的要求。

② 调试正常后，各执行机构一般不会互相干涉，也不会影响各动作的顺序。

③ 能保证在规定时间内，严格可靠地完成工作循环，故特别适合于高速自动机械。

④ 灵活性差。当产品更换时，可能要更改部分或全部凸轮机构，给制造、安装与调试带来较大困难。

⑤ 一般缺乏检查执行机构动作完成与否的装置，没有完成时不能自动停机。

（2）行程控制。行程控制也叫位移控制，是按一个动作运行到规定位置的行程信号来控制下一个动作的一种控制方式。例如，包装机械中的装箱、封箱、贴条等动作，大多是由前一动作运行到一定位置时发出信号来实现控制的。

行程控制操纵的自动机械，当某一执行机构运行到规定的位置，碰到该位置上的行程开关时，得到一个回答信号，作为启动下一个执行机构动作的指令，按照"命令—回答—命令"的方式进行控制，因而具有安全可靠的优点。一旦程序中途遭到破坏，就停留在事故发生的位置上，不会产生误动作。但是，用行程控制系统操纵的自动机械，由于动作持续时间较长，当第一个动作未全部完成时，第二个动作就不能开始，因而循环时间较长，不适合高速自动机械。

两种控制方式各有特点，较复杂的大型自动机械兼有时序控制和行程控制两种方式，可最大限度保证自动机的工作可靠。

1.4 自动生产线及其应用

产品制造有较多的工艺流程，按工艺先后将原料制成产品称为流水线生产。自动生产线在流水线生产的基础上发展起来，它能进一步提高生产率和改善劳动条件，在工农业生产中发展较快。

若干自动机械按照产品加工工艺路线排列，用自动传送装置把这些专用自动机械及辅助设备连成一整体，再用自动控制系统按一定要求控制，通常把这一具有自动输送、加工、检测等综合能力的生产系统称为自动生产线，简称自动线。

自动线涉及范围广，如各种自动加工机床组成的机械零件加工自动线，汽车、摩托车生产自动线，轻工业日常用品如电池、牙膏生产自动线，方便面食品生产线，液体、固体物料的称重、充填、包装生产自动线，纸板纸箱自动生产线等。

自动生产线的建立为产品生产过程的连续化、高速化奠定了基础。今后不但要求有更多的不同产品和规格的自动生产线，还要实现产品生产过程的综合自动化，也就是说向自动化生产车间和自动化生产工厂方向发展。

1.4.1 自动生产线特点与组成

（1）自动生产线的特点。在自动生产线上，工件（原料、毛坯或半成品）上线后便以一定的节拍，按照设定的加工顺序，自动地经过各个加工工位，完成预定的加工，最终成为符合设计要求的成品而下线。在自动线整个生产过程中，人工不参与直接的工艺操作，只是全面观察、分析生产系统的运转情况，定期加料、对产品质量进行抽样检查，及时地排除设备故障、调整维修、更换刀具或易损零件，保证自动线得以连续工作。

显然，自动线的自动化程度取决于人工参与生产的程度，若工件只是由储送装置送到各个加工工位，在加工工位上主要是由人工操作机器或工具来完成规定的加工，这样的生产线一般称为生产流水线，其自动化程度较低，主要工作是传送工件，如服装生产线、制鞋生产线、玩具装配生产线、摩托车总装生产线、汽车装配生产线等。生产中一般把自动线、流水线统称为生产线。CIMS（Computer Integrated Manufacture System）、FMS（Flexible Manufacture System）、FA 是高度自动化的生产系统，是自动线的最高形式。

采用自动线组织生产，有利于应用先进的科学技术和现代企业管理技术，可以简化生产布局，减少生产工人数量以及中间仓库和半成品储存量，缩短生产周期，提高产品质量，增加产量，降低生产成本，改善劳动条件，促进企业生产，实现现代化。但在同等条件下，自动线成本高，占地面积比较大，生产中的组织管理要求高，生产工人的活动范围比较大。

自动生产线具有如下特点：

① 在自动生产线上，工件或物料以一定的生产节拍、按照加工工艺顺序逐一经过各个工位，完成规定的生产工艺，最后形成符合要求的产品。

② 在自动生产线上，人工不参与直接的生产工艺操作，只是全面观察，分析生产系统的运转情况，周期性地对产品质量抽样检查，及时排除设备故障，调整维修、更换刀具或易损零件，往料仓加料，使生产线得以继续工作。

③ 采用自动生产线，可以改进企业组织管理，有利于应用先进的科学技术，缩短产品的加工周期，增加产量，提高质量，降低成本，改善劳动条件。尤其对于轻工食品类产品，其生产批量大，采用自动生产线的优越性更加体现出来。

自动线适用于下列一些产品的生产：

a. 定型、批量大、有一定生产周期的产品。

b. 产品的结构便于传送、自动上下料、定位和夹紧、自动加工、装配和检测。

c. 产品结构比较繁杂、加工工序多、工艺路线太长，使得所设计的自动机的子系统太多、结构太复杂、机体庞大、难以操纵，甚至无法保证产品的加工数量及质量。如缝纫机机头壳体、减速器箱体、发动机箱体等。

d. 以包装、装配工艺为主的生产过程。如电池、牙膏类产品的生产，液体、固体物料的称重、填充、包装，汽车、摩托车、家电类组装等。

e. 因加工方法、手段、环境等因素影响而不宜用自动机进行生产时，可设计成自动线，如喷漆、清洗、焊接、烘干、热处理等。

通过对比分析，自动线相当于一台展开布置的或放大了的多工位自动机。自动线每个工位上的专用自动机（或其他设备）相当于多工位自动机上对应的执行机构（或装置），工位与工位之间通过工件储存、传送装置联系起来。因此，自动线的设计方法、原则及要求、设计步骤等基本与一台多工位自动机的设计过程类似。

（2）自动生产线的设备组成。自动生产线一般由三部分设备（装置与系统）组成，图1-2所示为自动生产线组成框图。

① 基本设备。专用的自动机，如自动机床、自动冲压机、自动装配机、包装机等。以液体灌装自动线为例，其自动线上的卸垛机、卸箱机、洗瓶机、灌装机、杀菌机、贴标机、装箱机、码垛机就是该自动线上的主要工艺设备。

② 运输储存装置。如转位、翻转装置，夹紧装置，剔除装置，分选装置，排屑、排渣

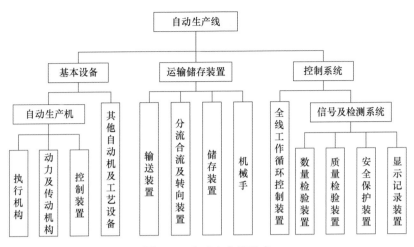

图 1-2　自动生产线组成

装置等，还包括传送装置如输送带、链板、输送辊，储存装置如料斗、料仓，上下料装置如各种供料器、机械手等。

③ 控制系统。包括产品质量检测装置、故障检测装置、环境监视检测器、信号数据处理器、报警器、反馈仪器和控制系统。

自动线的形式随产品的性质和形态、工艺过程、连线设备的性能及布局、生产节拍、生产条件如厂房大小、控制方式、人员技术水平、生产习惯等不同而有所不同。

1.4.2　自动生产线的布局与控制

（1）自动生产线布局型式。生产中常见的自动线有以下四种布局型式，分别是直线型、曲线型、封闭（或半封闭）环（或矩框）型、树枝型（也称分支式）。

① 直线型。将各种自动机加工设备及装置，按产品加工工艺要求，由传送装置将它们连接成一条直线排列布局的自动线，原件由自动线的一端上线，线中增加，成品由另一端下线。这种排列形式的自动线称为直线型自动线，简称直线型。

直线型是比较常用的一种自动线，根据自动机、传送运输装置、储料器布置的关系，直线型又可分成同步顺序组合、非同步顺序组合、分段非同步顺序组合和顺序-平行组合自动线，如图 1-3 和图 1-4 所示。

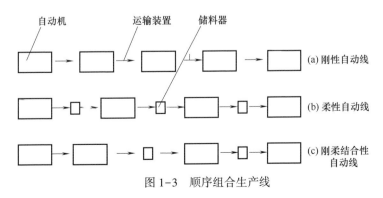

图 1-3　顺序组合生产线

　　图1-3（a）所示为同步顺序组合（也称刚性）自动线，各自动机用工件传送装置连接起来，以设定的生产节拍进行生产，无储存装置（储料器）。其缺点是当某工位的操作、某台自动机或者其他装置发生故障时，必须整线停机，生产过程中的灵活性小。

　　图1-3（b）所示为非同步顺序组合（也称柔性）自动线，在自动机与自动机之间增设了储料器。当某一工序出现事故时，其前所有工序照常工作，半成品送到储料器中暂存，而其后所有工序可从储料器中取出所需要的半成品，继续进行加工，因而这种自动线生产率较之同步顺序组合自动线要高，生产过程也比较灵活，但建设成本增加了，储料器也可能出现故障。某些情况下，可只在容易发生故障或出现事放的工位前后增设储料器，如图1-3（c）所示的刚柔结合性自动线，也称为分段非同步顺序组合自动线。

　　当某工位的加工时间较长，造成该工位的生产节拍数倍于其他工位的生产节拍时，为了平衡自动线的生产节拍，可在该工位布置数台自动机同时加工，如图1-4所示的顺序-平行组合自动线。

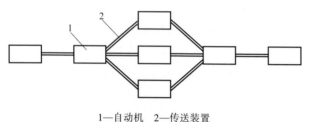

1—自动机　2—传送装置

图1-4　顺序-平行组合生产线

　　② 曲线型。工件沿曲折线如蛇形、Z字形，直线与弧线组合等传送，其他与直线型相同。

　　③ 封闭（或半封闭）环（或矩框）型。工件沿环形或矩形线传送，如图1-5所示。其中图1-5（a）为矩型，图1-5（b）为环型。工件固定在随行夹具5上，由传送装置1沿矩形线输送在直角处，由转向器2转向。转位器4用于转换工件的加工面。

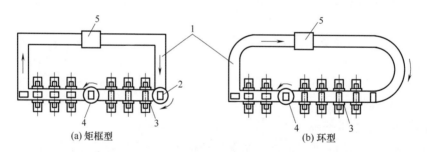

(a) 矩框型　(b) 环型

1—传送装置　2—转向器　3—自动加工机械　4—转位器　5—随行夹具

图1-5　矩框型、环型组合布局生产线示意

　　④ 树枝型（也称分支式）。工件传送路线如同树枝，有主干有分支。通常布置在同一水平面，也有空间立体布置。

　　（2）自动生产线控制系统。控制系统将组成自动线的所有自动机械和辅助设备连接成一个有机的整体，它是指挥中心，操纵着自动线各个组成部分的工艺动作顺序、持续时间、预警、故障诊断和自动维修等。

　　自动线对控制系统有如下一些要求：

　　① 满足自动线工作循环要求并尽可能简单。

　　② 控制系统的构件要可靠耐用，安装正确，调整、维修方便。

　　③ 线路布置合理、安全，不能影响自动线整体效果和自动线工作。

④ 应在关键部位，对关键工艺参数如压力、时间、行程等设置检测装置，以便当发生偶然事故时，及时发讯、报警、局部或全部停车。

自动线的控制方式可采用时序控制或行程控制、集中控制或分散控制。控制程序的逻辑关系取决于自动线的工作循环图。

1.4.3 自动生产线的应用实例

实例 1-1 热成型泡罩包装自动线

图 1-6 所示为全自动热成型泡罩包装生产线的工艺流程示意图。整线属于卧式间歇步进的生产方式，由下卷膜成型，上卷膜作封口，真空成型。其典型工艺过程为片材加热→薄膜成型→充填物品→封口料/衬底→热封→切边修整。

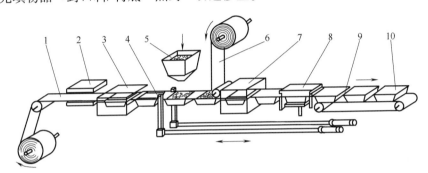

1—卷筒塑料薄片　2—加热器　3—成型器　4—推送杆　5—定量装料器
6—卷筒衬底材料　7—热封器　8—裁切器　9—传送带　10—包装件
图 1-6　热成型泡罩包装生产线工艺流程

实例 1-2 上下组合框型循环式自动线

如图 1-7 所示，该自动线由上下两层输送线组成，下层为工序加工部分，上层为输送返回部分。工件 3 从下层左端进入，由下层输送线 2 依次传至各个自动机 4，按工序要求加工，到下层右端时完成，由提升机 6 将工件送到上层，由上层输送线 5 再将工件返回送到升降机 1，升降机将工件送出生产线。

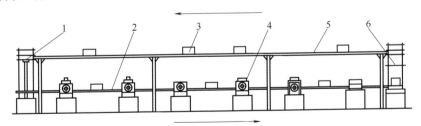

1—升降机　2—下层输送线　3—工件　4—自动机　5—上层输送线　6—提升机
图 1-7　上下组合框型循环式自动线

实例 1-3 水果蔬菜表皮清洗生产线

对水果或蔬菜进行深加工前，通常要对其表面进行清洗、脱皮等预处理，图 1-8 所示为农副产品水果蔬菜表皮清洗生产线。

该生产线从左向右依次分成预清洗、脱皮或消杀、洁净清洗和表面水烘干四个主工序。

果蔬的输送采用辊式输送装置，输送辊 2 之间套尼龙环绳 3，尼龙环绳可保证前、后两辊间的传动，又承托果蔬。通过输送辊以及尼龙环绳的拨动、上方水流的冲动以及果蔬彼此间的碰撞等作用，果蔬翻滚着向前移动，喷淋水洗干净后落入盛果筐 4。盛果筐在盛液槽 5 内做上下往复直线运动，实现果蔬在脱皮或消杀液中的浸泡和捞起。当盛果筐升起时，由拨果辊 6 将加工中的果蔬依次推送到后清洗段，用洁净水冲洗掉化学液，然后送入烘干段除去果蔬表面的水滴，完成表皮清洗。

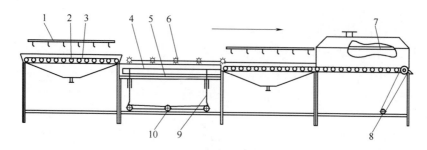

1—喷淋水管架　2—输送辊　3—尼龙环绳　4—盛果筐　5—盛液槽　6—拨果辊
7—加热板　8—驱动装置　9—滑动撑杆　10—撑杆驱动装置
图 1-8　水果蔬菜表皮清洗生产线

实例 1-4　香皂自动成型包装生产线

香皂自动成型包装生产线主要包括香皂挤出机、分切机、压印成型机、内裹包装机、装箱机等工艺设备，通过适当改变成型模具可生产不同外形的香皂，生产率可达 200 块/min。其各自动机按工艺流程布置如图 1-9 所示。

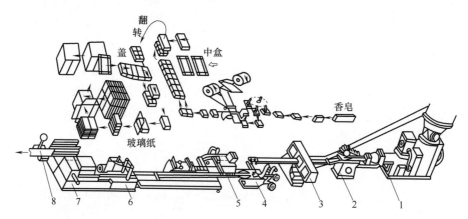

1—香皂挤出机　2—分切机　3—压印成型机　4—香皂内裹包装机　5—装盒机
6—中盒裹包机　7—装箱机　8—自动检验机
图 1-9　香皂自动成型包装生产线示意

实例 1-5　聚酯瓶（PET 瓶）制瓶灌装综合自动生产线

图 1-10 所示是聚酯瓶（PET 瓶）的吹瓶、印刷、灌装、装箱和堆码的全部过程，它集容器的生产过程与物料的装瓶生产过程一体化，称为现场制瓶灌装综合自动生产线。

PET 瓶坯由塑料注射成型机加工，由输送和整理装置有序输送到回转式加热系统的入口，再由回转式加热系统的夹持器夹住瓶坯螺纹颈部，随夹持器上的链传动做长圆型轨迹运动，在运动过程中瓶坯身部接受不同温度加热。当达到吹瓶温度时，瓶坯从回转式加热系统的出口被送入旋转式吹瓶机的吹瓶模具中，加热后的瓶坯随吹瓶机转动过程中，经过吹制、拉伸、成型和降温定型，最后从旋转式吹瓶机的出口，由取瓶转盘将吹制的成品 PET 瓶取出，并进一步通过输送系统送到冲、灌、旋一体化自动机进行灌装物料并封口，最后将灌装后产品瓶送出机外。

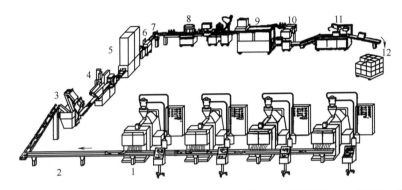

1—吹塑成型制瓶机　2—输送带　3—理瓶装置　4—印刷机　5—烘干装置　6—瓶子竖立装置
7—转向装置　8—灌装封口机　9—制箱机　10—装箱机　11—封箱机　12—堆码机
图 1-10　PET 瓶制瓶瓶灌装综合自动生产线

除此之外，可扫码观看视频 1-1 所示的颗粒物料包装的小型自动化包装生产线，视频 1-2 所示的瓶装饮用水自动化灌装生产线。

视频 1-1

视频 1-2

思考及综合分析题

1. 自动机械是如何定义的？举例说明自动机械的工作特点。
2. 自动机械的分类形式和类型有哪些？并各举一例。
3. 自动机械由哪几大部分组成？各部分功能如何？
4. 自动机控制系统按动作顺序的控制可分为哪几类？各类控制系统的特点是什么？
5. 自动线的组成方式有哪几种？各有何特点和优缺点？
6. 介绍一下你实习中操作过的生产线组成，并说明其关键自动机械的工作过程。

第2章 自动机械与自动线的设计分析

本章主要内容是自动机械与自动生产线的生产率分析、工艺方案及其选择、自动机械循环图的设计与计算，这些是自动机械与自动线设计的基础，是机电与机械类工程技术人员必须掌握的技术知识与能力。

2.1 自动机械与自动线的生产率分析

生产率是生产管理中衡量生产速度的重要指标，是自动机械与自动化生产线的重要技术指标，也是协调自动机械动作和生产纲领的重要数据。因此，有必要研究影响生产率的主要因素，掌握其内在规律，寻求提高生产率的途径。

自动机械与自动生产线的生产率是指单位时间内生产产品的数量。根据不同产品特征的计量单位不同，有多种表达形式，通常以单件量、长度、面积、体积（容积）或质量来计量，其单位可以是件/min、个/min、包/min、瓶/h、罐/h、m²/min、m³/min、L/min、kg/min 等。

生产率通常分为理论生产率和实际生产率。自动机械调整到正常工作状态加工产品时，单位时间内所生产的产品数量称为理论生产率，常用 Q_T 表示。考虑发生故障、检修或其他因素引起的停机时间，之后计算的单位时间内生产的产品数量，称为实际生产率，常用 Q_P 表示。理论生产率主要由工艺时间决定，生产管理和技术水平会影响到实际生产率。

2.1.1 自动机械的生产率分析

生产过程中，有些产品加工时处于静止状态，而有些在运动中完成产品加工。根据自动机械生产过程的连续与否，自动机械可分为间歇作用型（或称Ⅰ类机）、连续作用型（或称Ⅱ类机）两大类，它们的生产率计算方法有所不同。

（1）间歇作用型自动机械（Ⅰ类机）的生产率。间歇作用型自动机械的特点是产品的传送、加工处理及输出等工作，是间歇停顿周期进行的，如视频 2-1 所示的间歇回转式自动包装机。

该自动机械的理论生产率取决于生产节拍，即加工对象在自动机械上的加工循环时间 T_p，或称周期。

对于多工位自动机械是加工对象在各工位上的工作循环时间，如六工位转盘式封罐机、颗粒糖果包装机等。这类自动机的理论生产率可表示为：

$$Q_T = \frac{60R}{T_p} = \frac{60}{T_p} \tag{2-1}$$

视频 2-1

式中　R——产品特征的计量单位，大部分为 1 个计量单位；

　　　　T_p——加工循环时间，常以秒（s）为单位；

　　　　T_p——自动机械的工作循环时间，即加工一个产品所需的时间。

产品在加工时分为工作循环内的工艺操作时间，简称基本工艺时间，用 t_k 表示；工作循环内的辅助操作时间，简称辅助操作时间，用 t_f 表示。即 $T_p = t_k + t_f$。

由式（2-1）知，t_k 是完成产品加工工艺要求必须保证的时间，通常可随加工工艺先进程度而变化。t_f 是辅助操作时间，如工作返回时间或空行程时间等，在保证产品质量和运行规定的情况下 t_f 应尽量减少。这两个时间均是设计人员要仔细考虑的，只有设法减少了 t_k 和 t_f，自动机理论生产率 Q_T 才能提高，这就是自动机理论生产率的本质所在。

若 t_f 减少到接近 0 时，就是下面要介绍的连续作用型自动机。

自动机的实际生产率总是低于其理论生产率。其原因是任何一台自动机均存在循环外的时间损失。循环外时间损失是指自动机的各执行机构发生故障、更换加工产品时的调整、运动部件磨损后的修复或更换，以及其他各种原因造成自动机的停机等的时间损失，常用 t_n 表示。

Ⅰ类自动机的实际生产率 Q_p 表示为

$$Q_p = 60/T_p = 60/(t_k + t_f + t_n) \qquad (2\text{-}2)$$

由式（2-2）看出，当自动机无任何停机时间损失，即 $t_n = 0$ 时，$Q_p = Q_T$，这是理想情况，通常是不可能实现的。实际生产中 t_n 总是大于 0 的，所以 Q_p 总是小于 Q_T。

自动机械在设计制造和使用中，其理论生产率就是自动机的设计生产率，而实际生产率是自动机在使用过程中显示出来的生产率。

（2）连续作用型自动机（Ⅱ类机）的生产率。连续作用型自动机械的特征是产品加工、传送、处理等工作是连续不断进行的，辅助操作时间与主要加工工艺时间重合，即被工艺时间包容。因此，这类机械的理论生产率完全取决于加工对象在加工中的移动速度，或自动机械的加工工艺速度。

自动机械的加工工艺速度与所选择的工艺方案及其参数有关，可通过改进工艺或采用先进工艺等途径提高。如回转式液体灌装机、方便面包装机、塑料袋封口切断连续作业包装机等都属于连续作用型自动机。视频 2-2 所示为连续回转式饮料自动灌装封口机。

这类自动机的理论生产率 Q_T 取决于产品在自动机上的传送移动速度，移动速度越快，工艺时间越短，则生产率越高。

对于回转式多工位连续作用型自动机，其理论生产率可表示为：

$$Q_T = 60/T_p = n \times N \qquad (2\text{-}3)$$

视频 2-2

式中　n——自动机械回转盘的转速（r/min）；

　　　　N——回转盘上加工产品的工位数（也称灌头数，回转盘上安装的灌装阀数量）。

如图 2-1 所示，回转式液体自动灌装机就属这类机械。在实际生产中，转盘转速受到灌装区角度 α（转盘旋转一周过程中实际灌装液体所占的角度，单位为弧度）大小与灌装工艺时间的限制。

$$n \leqslant \frac{\alpha}{2\pi t_k} \quad (\text{r/min}) \qquad (2\text{-}4)$$

在灌装角选定的情况下，转盘的转速 n 由式（2-4）确定。

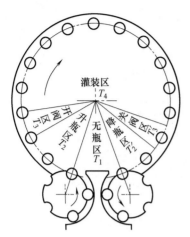

图 2-1　回转式液体自动灌装机示意图

式（2-4）中，t_k 为液体由灌装阀流满瓶内所需的灌装工艺时间（min），它与液体的黏度、灌装压力差、灌装阀的结构以及排气方式等因素有关。当灌装工艺时间 t_k 确定时，增加工位数 N 可以提高理论生产率。

多工位连续作用型自动机械可向增加工位数的方向发展，如我国啤酒饮料灌装设备的主要生产企业常规产品从 1.6 万瓶/h、2 万瓶/h 发展到 5 万瓶/h，灌装机的工位数分别从 60 头发展到 140 头以上。

实例分析

例 2-1　某饮料生产企业的易拉罐饮料灌装生产线，其灌装机的灌装速度为 2100 罐/min，该机的回转盘工位数为 172 个，灌装角为 282°。试分析该灌装机的回转盘转速为每分钟多少转？灌装一罐所需的工艺时间为多少？

解：根据公式（2-3）有：

$$n = \frac{Q_T}{N} = \frac{2100}{172} \approx 12.21 \text{（r/min）}$$

根据公式（2-4）有：

$$t_k \leqslant \frac{\alpha}{2\pi n} = \frac{282°}{360° \times 12.21} \times 60 \approx 3.85 \text{（s）}$$

经计算知，该灌装机工作转盘的转速约为 12.21r/min，每灌装一罐的工艺时间约为 3.85s。应注意的是，灌装机的灌装工艺时间与灌装机每生产一罐产品所需时间是不同的。

与间歇作用型自动机械一样，连续作用型自动机同样存在循环外的时间损失。计算实际生产率时，须将连续工作一段时间后的循环外的时间损失分摊到此期间加工出的每一件产品上。这样，连续作用型自动机的实际生产率 Q_P 表示为

$$Q_P = (1 - \varepsilon) \cdot Q_T \tag{2-5}$$

式中　ε——自动机的停顿（或停机）系数，等于停机时间除以总工作时间。

如某易拉罐灌装机理论生产率为 2000 罐/min，若每小时因故障等原因停机 6min（即循环外的时间损失为 6min），则停机系数 ε 为 0.1，该机的实际生产率 Q_P = 1800 罐/min。

在实际生产中，自动机械的实际生产率，除与其动力特性、制造精度、使用材料和工具的特性，以及控制与检测系统的完善程度等因素都有很大关系外，还与操作者的精心程度、对自动机的维护保养、管理技术水平等有关。据生产统计，某灌装自动生产线的同一种灌装封口机，因安装维修、操作管理水平不同，其实际生产率可在理论生产率的 80%～90% 之间波动。

2.1.2　自动线的生产率分析

自动线由多台自动机械按生产工艺流程组成，因组成方式不同，其生产率的计算也不同。

（1）自动线的理论生产率 Q_{Tx}。在自动生产线中有多台自动机械，其中有一台是关键机

或称中心机。自动线的理论生产率通常以该自动线的中心机的生产率来确定，用 Q_{Tx} 表示。自动线的实际生产率可表示为：

$$Q_{\text{Px}} = (1-\varepsilon) \cdot Q_{\text{Tx}} \qquad (2-6)$$

式中　ε——自动线的停机系数；

　　　Q_{Px}——自动线的实际生产率。

根据自动生产线的运行状态，分为同步自动线、非同步自动线和连续作用型自动线，其实际生产率分别用 Q_{Pq}、Q_{Ps} 和 Q_{Pr} 表示。

（2）同步（刚性）自动线的实际生产率 Q_{Pq}

根据前述，同步自动线的各自动机直接由运输系统和控制系统联系起来，中间没有储料器，当一台自动机因故障停机时，整条线便会停止运行。

若组成该自动线的单机台数为 q，则其生产率应表示为：

$$Q_{\text{Pq}} = \frac{1}{t_k + t_f + q t_n} = (1-\varepsilon) Q_{\text{Tx}} \qquad (2-7)$$

由式（2-7）可知，若每台单机循环外的时间损失 t_n 一定时，组成自动线的单机台数越多，即 q 数越大，整条生产线的实际生产率就越低。因此，在实际生产中组成自动线的单机台数不宜太多，在满足生产工艺的条件下尽量减少单机台数。

（3）非同步（柔性）自动线的实际生产率 Q_{Ps}。非同步自动线是在各自动机之间设置了中间储料缓冲器而组成的自动线，该线中任何一台单机因故障停机都在一定时间内不会影响到整线运行，使整条线停机，故非同步自动线的实际生产率和单台自动机的实际生产率相同，可按式（2-2）理论计算。考虑到停机，实际表示为：

$$Q_{\text{Ps}} = \frac{1}{t_k + t_f + t_n} = (1-\varepsilon) Q_{\text{Tx}} \qquad (2-8)$$

（4）连续作用型自动生产线的实际生产率 Q_{pr}。由连续作用型自动机组成的连续作用型自动线，生产率的计算公式与间歇作用型的公式不同。若由 q 台具有 N 头的回转盘式自动机组成的自动线，实际生产率可表示为

$$Q_{\text{Pr}} = \frac{1}{\dfrac{1}{n \cdot N} + q t_n} = (1-\varepsilon) Q_{\text{Tx}} \qquad (2-9)$$

式中　n——回转盘转速，r/min；

　　　N——回转盘上的工位数。

实例分析

例 2-2　某白酒企业包装自动生产线，理论生产率 $Q_{\text{Tx}} = 420$ 瓶/min。工作中该自动线在每班（8h）内，理送瓶机停机 6 次，每次 3min；洗灌封三合一机停机 5 次，每次 3min；贴标机停机 5 次，每次 4min；装箱机停机 3 次，每次 5min。试分别按同步自动线和非同步自动线计算该自动线的实际生产率。

解：（1）按同步自动线计算，其停机系数为：

$$\varepsilon = \frac{6 \times 3 + 5 \times 3 + 5 \times 4 + 3 \times 5}{8 \times 60} \approx 0.14$$

该同步自动线的实际生产率 Q_{Pq} 为：

$$Q_{Pq} = (1-\varepsilon)Q_{Tx} = (1-0.14) \times 420 \approx 361 \ （瓶／min）$$

（2）按非同步自动线计算，其停机系数为：

$$\varepsilon = \frac{5 \times 4}{8 \times 60} \approx 0.042$$

该非同步自动线的实际生产率 Q_{Ps} 为：

$$Q_{Ps} = (1-\varepsilon)Q_{Tx} = (1-0.042) \times 420 \approx 402 \ （瓶／min）$$

对比可知，采用非同步自动线，其实际生产率得到较大提高。

2.1.3　提高生产率的途径

通过对自动机械与自动生产线实际生产率的分析和实例，可以总结出提高生产率的途径。

（1）减少循环内的空程和辅助操作时间 t_f。自动机械中各工作机构的辅助操作时间占有一定比重，在确定工艺方案时，应力求使它与基本工艺时间完全或部分重合。不能重合的空程运动，在保证工作机构的运动精度和可靠性前提下，尽量提高其工作速度，或采用慢进快退的运动机构。显然，连续作用型自动机，由于空程运动和辅助操作时间均包括在基本工艺时间内，就消除了循环内的各种时间损失。

（2）减少基本工艺时间 t_k。基本工艺时间是影响生产率的最直接因素。减少工艺时间或提高工艺速度，只有从采用先进的新工艺着手，才能取得明显效果。例如，采用皮带电子秤的新式计量工艺，使计量速度比杠杆秤的效率提高几倍。采用工艺先进的三室式等压灌装阀，比旋塞式灌装阀的灌装速度大为提高。采用"工艺分散原则"，把工艺时间较长的工序分散到自动机械的几个工位上，或自动线的几台自动机械上，也是一种常见的减少基本工艺时间的方法。

另外，对于小型的简单形状加工对象实行多种平行加工，也可提高生产率。

（3）减少循环外的时间损失 t_n。针对不同工作要求，可采用以下几种方式：

① 提高刀具或模具的尺寸耐用度。正确选择其材料、表面处理方法、结构和几何参数，制定合理的加工参数等。采用快换装夹，改进调整机构和调整方法，减少更换和调整工具的时间。

② 减少设备的调整时间，降低机构的复杂程度，减少调整机构的数量。尽量采用低副机构，保证工作表面具有良好的润滑状态等。

③ 采用能满足自动操纵和连锁保护的电气设备控制系统，设置必要的检测系统，实现故障自动诊断、自动剔除、自动报警和自动保护等功能，减少停机时间和次数。此外，选择灵敏度可靠且经久耐用的电气元件，如无触点开关和固体电路等，这对改善电气设备的使用性能有着重要作用。

④ 采用方便维修的液压、气动系统。在液压、气动系统中，将控制阀等元件集中布置和采用易换组合式阀件是十分必要的。

⑤ 加强对设备计划检修和维护保养工作，使生产组织和管理工作适应自动化生产的要求，消除组织管理工作上的不良影响，避免额外地延长自动机或自动线的停机时间。

2.2　自动机与自动线的工艺方案

2.2.1　工艺方案的选择原则

自动机械工艺方案选择是否合理，直接影响到自动机或自动线的生产率、产品质量、设备的结构原理、工作的可靠性及技术经济指标等。为了正确地拟定自动机或自动线的工艺方案，必须深入地掌握各种加工工艺特点，研究其现状及发展，了解实现不同加工工艺的结构原理。

工艺方案的选择是一个较复杂的问题，必须从产品的质量、生产率、生产成本、劳动条件和环境保护等诸方面综合考虑。通常情况下，须同时拟出几个方案，分析比较，必要时进行试验，最后确定合理的工艺方案。

工艺方案确定后，用文字框图或图形符号绘制出工艺原理图或工艺流程图。工艺图是设计自动机械的运动系统和结构布局的基础。通常在工艺图上应体现以下一些内容：

① 产品的大概特征与组成。

② 从工件到成品或半成品的具体工艺方法、工艺过程。

③ 工件的运动路线、加工工艺路线。

④ 加工的工艺顺序和工位数、工艺操作与辅助操作的顺序和数量。

⑤ 工件在各工位上所要达到的加工状态及要求。

⑥ 执行机构（刀具或工具）与工件的相互位置、对工件的作用方式、工作原理。

根据工艺图，大体上可以确定自动机械的运动特征、工作循环和总体布局方案等。尤其是在设计多工位自动机械时，工艺图更是重要的原始资料。

2.2.2　典型实例分析

下面通过几个工艺方案选择的典型实例，分析说明如何选择自动机与自动线的工艺方案。

例 2-3　图 2-2 所示是套筒滚子链条装配的工艺原理。工艺过程共分成 6 步（工位），采用直线型工艺路线。

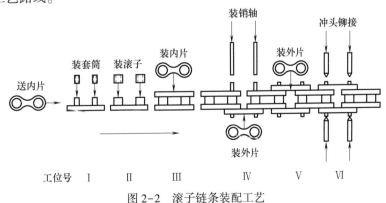

图 2-2　滚子链条装配工艺

　　首先把一个内片送上工位Ⅰ，在此工位将两个套筒同步由上向下压入内片内孔，进入工位Ⅱ；将两个滚子套在套筒上，在工位Ⅲ压套上另一个内片；在工位Ⅳ，将两节由内片、套筒、滚子组成的链节对正，由下向上送一个外片，由上向下将两个销轴穿过套筒内孔而压入外片内孔；在工位Ⅴ，将另一个外片压套在销轴上；在工位Ⅵ，用4个冲头同步将销轴两个外片铆接，依次顺序连续自动完成装配。

　　由图中知，一节链条是由2个销轴、2个套筒、2个滚子、2个内片、2个外片共10个零件组成。该图还呈现了工艺过程的工位数目，在各工位装入零件的名称、数量、位置，装配的工艺方法、方式，工具的动作情况及要求，工艺路线、工件的传送方向等。

　　例2-4　图2-3所示是黏稠膏状化妆品自动灌装工艺原理图。工艺过程共分成10步（工位），采用双回转加直线型工艺路线。送空盒到工位Ⅰ，沿圆弧转位到工位Ⅱ；转到工位Ⅲ用进行灌装；转位到工位Ⅳ、工位Ⅴ，再沿直线到工位Ⅶ；沿圆弧转位到工位Ⅷ贴锡箔；工位区Ⅸ压锡箔；在工位Ⅹ将送来的上盖扣在盒上；工位Ⅺ处卸成品。

　　图中的工位Ⅵ、工位Ⅻ为空工位，因转位机构是不可少的。该工艺原理图基本能呈现自动灌装机的总体布局、运动特征等。

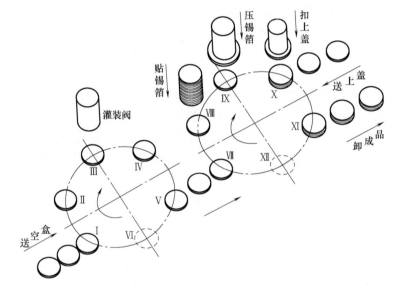

图2-3　黏稠膏状化妆品自动灌装工艺原理

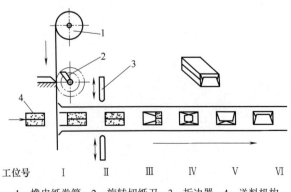

工位号　Ⅰ　　Ⅱ　　Ⅲ　　Ⅳ　　Ⅴ　　Ⅵ

1—橡皮纸卷筒　2—旋转切纸刀　3—折边器　4—送料机构

图2-4　块状物料包装工艺原理

　　例2-5　图2-4所示是块状物料如压缩饼干的包装工艺原理图。工艺过程共分成6步（工位），采用直线型工艺路线。在工位Ⅰ，橡皮纸卷筒1送下定长度的纸，送料机构4将块状饼干（已装料）向右推送的同时，旋转切纸刀2切断纸；折边器3在工位Ⅱ、Ⅲ、Ⅳ、Ⅴ、Ⅵ，依次对饼干进行折边包裹，工位Ⅶ卸成品。图中表示出各个执行机构（或工具）的工作原理及结构形式。

对于动作较多，在一个工位上又集中有好几个工步动作的工艺过程，若采用上述几种工艺原理图，就很难表示清楚，这时可以按照工艺过程的每一个动作或操作，顺序绘制成操作原理图，工件的结构形状简化示出。注意，工艺原理图与自动机的结构布局没有直接联系。

例 2-6　图 2-5 所示为颗粒糖果包装机的工艺流程，按照工艺流程和操作顺序绘制。由图可知，该糖果包装机有 11 个工位，多数工位上都集中实现几个动作，如在第 6 工位上，既有糖钳闭合动作，又有前后冲头返回动作。

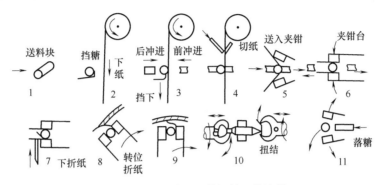

图 2-5　颗粒糖果包装机的工艺流程

无论采用何种表达方式，自动机的工艺原理图都必须形象、简练而清楚地表示出所有工艺动作及其先后顺序，以及辅助操作与产品加工的关系。因为，自动机的工作循环图、机构运动规律以及结构设计与选择等工作，均以此为基础。

对于自动线，可在组成自动线的各个自动机的工艺原理图基础上，按照工艺流程绘出各单机所完成的工作，排列起来即为自动线的工艺原理图。

例 2-7　图 2-6 所示为装箱自动线的工艺原理，它表达出小盒排列、装箱、封箱、贴封条、堆垛的各单机所完成的操作。

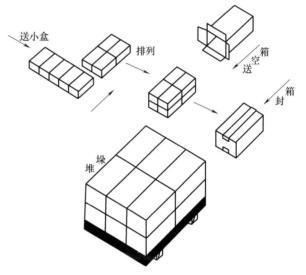

图 2-6　装箱自动线的工艺原理

2.3　自动机工作循环图及其表达

2.3.1　自动机的工作循环图

选定自动机的工艺方案和工艺原理后，首先要确定用什么样的传动方式，什么样的装置和机构，才能实现自动化生产。其次要考虑这些装置和机构的动作协调关系，包括各机构的动作顺序和相互制约关系。

（1）工作循环图的含义。工程上，用来表达自动机械各执行机构的运动过程在自动机工作循环内相互关系的示意图，称为自动机械的工作循环图。工作循环图是设计、管理、使用、调试和维护自动机重要的技术文件，可以说，没有循环图就没有自动机。

（2）自动机的工作循环。在间歇作用型自动机中，产品是间断地、周期性地生产出来。通常把生产两个相邻产品之间的时间间隔，即生产一个产品所需的时间，称为自动机的工作循环，用 T_p 表示。

（3）执行机构的运动循环。自动机能完成生产任务，是各执行机构有规律地协调动作的结果。在自动机一个工作循环时间内，各执行机构均完成一定的周期运动。执行机构的运动周期或执行机构在起始位置之间运行的时间，称为执行机构的运动循环，用 T_k 表示。

图 2-7 所示是某切书机的推书机构示意。凸轮 4 转动使推书板 2 由初始位置 A 移动到切书位置 B，然后又返回位置 A。这样一个循环过程的时间就是该机构的运动循环周期。推书板的运动除了用机械方式控制外，也可用液压或气动来实现。

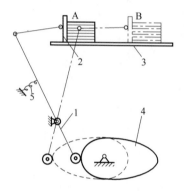

1—摆杆　2—推书板　3—工作台
4—凸轮　5—拉紧弹簧
图 2-7　推书机构示意

执行机构的运动循环一般包括空程行进运动、工作行进或停留、空程返回和返回后停留 4 个阶段。其运动循环周期 t_k 可表示为式（2-10），时间通常为秒（s）。

$$t_k = t_{p'} + t_{op} + t_d + t_{od} \tag{2-10}$$

式中　$t_{p'}$——执行机构工作行程行进运动时间；

　　　t_{op}——工作停留时间；

　　　t_d——执行机构空程返回运动时间；

　　　t_{od}——执行机构返回后的回程等待停留时间。

机械式执行机构通常采用连杆或凸轮机构实现，执行机构的凸轮一般集中在一根或几根分配轴（凸轮轴），分配轴转一圈，各执行机构按顺序完成一次预定动作，自动机就加工出一个产品。

可见，自动机的工作循环周期时间 T_p 与其任一个执行机构的运动循环时间 t_k 是相等的，即等于凸轮分配轴转一周所需时间。

前面介绍的间歇作用型自动机的理论生产率 Q_T 等于自动机工作循环的 T_p 的倒数。由于 T_p 等于 t_k，其理论生产率为

$$Q_T = \frac{1}{T_p} = \frac{1}{t_k} = \frac{1}{t_{p'} + t_{op} + t_d + t_{od}} \tag{2-11}$$

由式（2-11）可看出，为了提高自动机的理论生产率，必须减少执行机构的循环时间 t_k，也就是减少 $t_{p'}$、t_{op}、t_d 或 t_{od} 的时间。其中 $t_{p'}$ 和 t_{op} 与工艺过程的工艺参数有关，t_d 与执行机构的运动规律有关，而 t_{od} 则与自动机的整体循环图设计有关。

在间歇作用型多工位自动机中，自动机的工作循环与工作台的转位机构的运动循环相同。要缩短转位机构的运动循环，应减少多工位自动机上操作时间最长的工位，即限制该工位上的执行机构的运动循环时间，这是设计者必须考虑的问题。

对于连续作用型自动机，通常也包括一些做周期运动的执行机构，如灌装机中托瓶台周期性的升降、吹泡机中模型机构的周期性开合等，它们也具有确定的运动循环。但是，这些执行机构的运动循环主要由工艺速度决定。

2.3.2　自动机循环图的表达

循环图分两种，一种是自动机执行机构的运动循环图，另一种是自动机的工作循环图。

（1）执行机构的运动循环图。表示执行机构运动循环的图形称为执行机构的运动循环图。自动机的工作循环图由各执行机构的运动循环经过统一协调后组成。因此，必须先绘制出各执行机构的运动循环图。执行机构的运动循环主要根据工艺要求设计，执行机构运动循环图是绘制自动机工作循环图的基础。

如图 2-8 所示，自动冲压机的冲头 2 的上下运动通过凸轮机构 1 实现。冲头 2 的运动循环由以下 4 个部分组成：冲头在初始位置的等待停留时间 t_{od}、冲头空程前进运动时间 $t_{p'}$、工作行程时间 t_{op}、冲头空程返回时间 t_d。故冲头的运动循环 t_k 用式（2-10）表示，也可用图形表示。

用图形表示运动循环 t_k 有 3 种方式：

① 直线式循环图。如图 2-9（a）所示，将运动循环各运动区段的时间及顺序按比例绘制在直线坐标上，由图可以看出这些运动状态在整个运动循环图内的相互关系及所占时间。

② 圆环式循环图。如图 2-9（b）所示，将运动循环的各运动区段的时间及顺序按比例绘制在圆形坐标上，这对于具有凸轮分配轴或转鼓的自动机械尤其适用，因为 360° 圆形坐标正好与分配轴或转鼓的一整转相一致。

③ 直角坐标式循环图。如图 2-9（c）所示，以横坐标

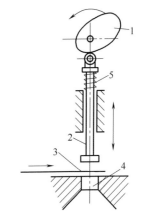

1—凸轮机构　2—冲头　3—工件
4—下冲模　5—压簧
图 2-8　自动冲压机构

比例表示运动循环内各运动区段的时间或分配轴转角，纵坐标（可不按比例）表示执行机构的运动状态，用平行于横坐标轴的线段表示机构处在停留状态，倾斜线段表示机构处在运动状态，一般以上升线段表示工作行程，下降线段表示返回行程。

比较上述三种循环图可知，直角坐标式循环图比其他两种循环图更能清楚地表示执行机构的运动状态，在工程实践中得到较广泛的应用。

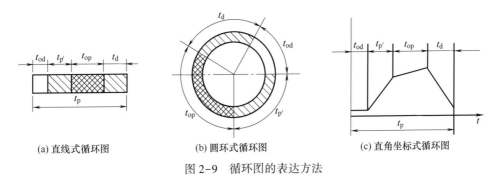

（a）直线式循环图　　　　　（b）圆环式循环图　　　　　（c）直角坐标式循环图
图 2-9　循环图的表达方法

（2）自动机的工作循环图。自动机的工作循环图是将自动机各执行机构的运动循环图按同一时间（或分配轴转角）的刻度，按比例绘在一起的总图。绘图时，通常以某一主要执行机构的工作起点为基准，表示出各执行机构的运动循环相对于该主要执行机构动作的先

后次序。

自动机的工作循环图，也有直线式、圆环式、直角坐标式 3 种表达形式。图 2-10 所示为某陶瓷滚压成型机动作原理。该机为间歇作用型回转式四工位自动滚压成型机，如图 2-10（a）所示。在 Ⅰ 工位由人工将石膏模放在转盘的工位孔中，在 Ⅱ 工位将泥料放在石膏模上，Ⅲ 工位为滚压成型工位，其结构如图 2-10（b）所示。转盘能升降，并由槽轮机构驱动转位，这个动作便将 Ⅱ 工位上带有泥料的石膏模送到 Ⅲ 工位的托盘上，同时将 Ⅲ 工位上滚压好的坯模转送到卸模工位 Ⅳ。Ⅲ 工位的滚压头能升降及摆动，

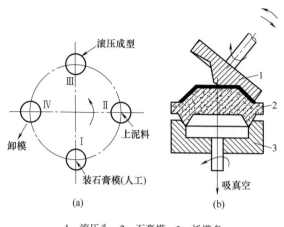

1—滚压头 2—石膏模 3—托模盘
图 2-10 陶瓷滚压成型机工作原理

下摆时，与石膏模一起把泥料滚压成盘形坯料。

如图 2-11 所示是上述陶瓷滚压成型机的三种形式的工作循环。凸轮分配轴控制 4 个执行机构的动作：①滚压头升降；②滚压头偏摆；③转盘升降；④真空泵阀门开闭。这 4 个执行机构的运动循环经过协调统一后形成工作循环图。

由于该机由分配轴集中控制各执行机构动作顺序，故循环图的自变量用分配轴的转角表示。

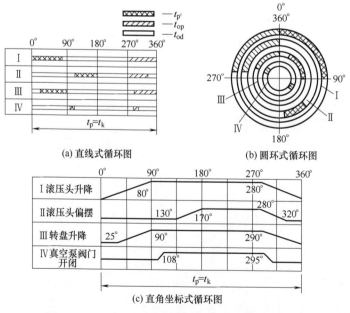

图 2-11 三种方式表达的陶瓷滚压成型机工作循环

直线式循环图图 2-11（a）绘制比较简单，但动作状态表示不形象。圆环式循环图图 2-11（b）便于在分配轴上直观地看出各执行机构的主动件（凸轮）在分配轴上所处的

相互位置，便于凸轮的安装和调整。但当执行机构多时，由于同心圆太多而显得不清楚。直角坐标式循环图图 2-11（c）可获得各执行机构运动循环的动作状态以及各循环在自动机工作循环内相互关系的清晰概念。因此，直角坐标式循环图在自动机的设计、测绘、调试中被广泛应用。

2.4　自动机循环图的设计与分析

2.4.1　执行机构运动循环图的设计与分析

执行机构运动循环图是自动机循环图的组成部分，它的设计一般是在自动机的理论生产率初步确定、工艺方案基本确定，且传动方式和执行机构结构均已初定的基础上进行的。其设计步骤如下：①确定执行机构的运动循环（时间）；②确定运动循环的组成区段；③确定运动循环内各区段的时间或分配轴转角；④绘制执行机构的运动循环图。

下面以书籍装订排气压实机的压实头机构为例，说明执行机构运动循环图的设计与分析方法。

例 2-8　如图 2-12 所示为压实头的结构原理，压实头 2 在凸轮 1 的作用下对叠放在一起的纸张产品 3 进行排气压实。

按照上述 4 个步骤来分析压实头机构的工作状况，确定设计参数。

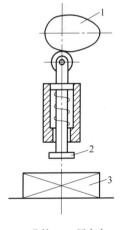

（1）确定压实头的运动循环 t_k。若排气压实机的生产纲领为 4100 件/班，每班按 8 小时计，停顿系数 $\varepsilon = 0.14$，则理论生产率 Q_T 为

$$Q_T = 4100 / \left[(1-0.14) \times 8 \times 60 \right] \approx 9.93（件/min）$$

近似计算取 $Q_T = 10$ 件/min。

若分配轴每转一转完成一次产品压实，则分配轴转速为 $n = 10$r/min。

分配轴每转一转的时间即为压实头机构的运动循环时间 t_k，也等于压实机的工作循环 t_p，

所以有 $t_k = \dfrac{1}{n} = \dfrac{1}{10}$（min）= 6（s）

1—凸轮　2—压实头
3—纸张产品
图 2-12　排气压实头机构原理

（2）设计确定运动循环的各组成区段。根据产品压实的工艺要求，压实头的运动循环由以下 4 部分组成：

$t_{p'}$——压实头工作的压紧运动时间；

t_{op}——压实头到位排气停留时间；

t_d——压实头向上返回运动时间；

t_{od}——压实头返回后在初始位置上的停留时间。

以上 4 个时间之和便是压实头一个工作运动循环的总时间，即一个工作周期。

凸轮轴工作时匀速旋转，压实头工作一个周期，凸轮转一圈，凸轮的转角大小与时间成正比例。若用角度来表示压实头的运动循环，则可表示为：

$$\phi_k = \phi_{p'} + \phi_{op} + \phi_d + \phi_{od} = 360°$$

（3）确定运动循环内各区段时间和对应的凸轮轴转角。经实验，压实头应在产品上停留一定时间方便排气，实测其停留时间为 $t_{op} = 0.2s$；其他 3 个工作段时间分别是 $t_{p'} = 1.5s$，$t_d = 1.3s$，$t_{od} = 3s$。则相应的凸轮轴转角为：

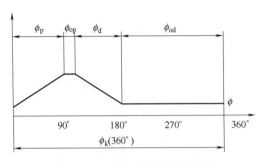

图 2-13 压实头机构运动循环

$$\phi_{op} = \frac{t_{op}}{t_k} \times 360° = \frac{0.2}{6} \times 360° = 12°$$

同样的方法可计算出 $\phi_{p'} = 90°$，$\phi_d = 78°$，$\phi_{od} = 180°$。

（4）绘制压实头机构的运动循环图。为了方便设计凸轮曲线，将以上计算结果绘成直角坐标式循环图，如图 2-13 所示。有了机构运动循环图和凸轮对应的转角，便可以进行凸轮轮廓设计。

2.4.2 自动机工作循环图的设计与计算

正确设计自动机的循环图，是提高自动机理论生产率的重要途径。先确定各执行机构的运动循环图，再确定自动机的循环图。

自动机循环图设计的主要任务就是要建立各执行机构运动循环之间的合理关系，也就是要进行各执行机构运动的协调，通常称作同步化设计，达到最大限度地缩短自动机的工作循环。自动机的工作循环图实质上就是自动机各执行机构运动的同步图，也叫协调图。

机构在完成动作时有一定的先后顺序，同时各构件有一定的空间结构，工作时不能发生时间和空间上的干涉。因此，对各执行机构运动的同步化，分为时间同步化和空间同步化。

（1）执行机构运动循环的时间同步化。执行机构之间的运动只有时间上的顺序关系，无空间上的干涉关系，建立这些机构运动循环之间的正确联系，称为运动循环的时间同步化。

① 两个执行机构运动循环的时间同步化。图 2-14 所示是打码机工作示意图，主要有两个执行机构。以此为例介绍运动循环的时间同步化方法。

打码机的基本工艺过程。首先推送机构

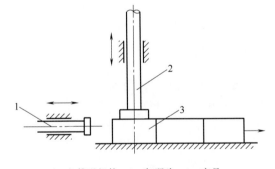

1—推送机构 2—打码头 3—产品
图 2-14 打码机的工作示意

1 将产品 3 送至被打码的位置，然后打码头 2 向下动作，完成打码操作。在打码头退回原位后，推送机构再推送另一个产品向前准备打码，并把已打码好的产品顶出，打码头再下降。如此循环，完成自动打码的动作。由此可知，推送机构 1 和打码头 2 对产品 3 有一定的顺序动作，其运动只有时间上的顺序关系，而在空间上不发生干涉。

设计时先通过实验或经验，确定推送机构 1 和打码头 2 的运动规律，即这两个执行机构运动循环图已做出，如图 2-15（a）和图 2-15（b）所示。两个机构的运动循环时间分别为

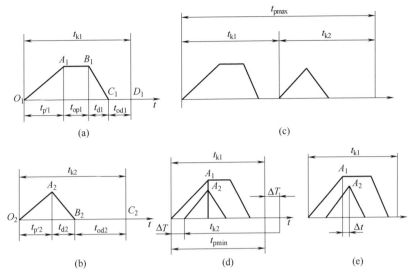

图 2-15　打码机运动循环的时间同步化过程

t_{k1} 和 t_{k2}，通常 $t_{k1} = t_{k2}$。

若单纯地确定这两个机构的运动顺序是：推送机构 1 动作完成之后，打码头机构 2 才开始运动，而在打码头 2 的运动完成之后，推送机构 1 才开始运动，这样两机构的运动在时间上不重合。这时，打码机的循环图将如图 2-15（c）所示，其总的工作循环将为最长的工作循环时间 t_{pmax}。即：$t_{pmax} = t_{k1} + t_{k2}$，显然，这种循环图是不合理的。

实际上，两机构在空间上无干涉现象，可以同时动作。根据打码要求，只要推送机构 1 把产品推到打码位置时，打码头机构 2 就可以在这一瞬时与产品接触打码。因此，两机构运动循环在时间上的联系点由循环图上的 A_1 与 A_2 两点决定，即推送机构 1 与打码头机构 2 同时到达加工位置处的时刻，就是它们的运动在时间上联系的极限情况。这时，打码机总的工作循环将为最短的工作循环，如图 2-15（d）所示。使两机构运动循环图的 A_1 和 A_2 点相重合，并且将打码头 2 的停留时间中的部分停留时间 Δt 从右端移动到左端，得到具有最短工作循环的循环图，其循环时间为 t_{pmin}。且有：$t_{pmin} = t_{k1} = t_{k2}$。

工程实际中，如果按 A_1 和 A_2 重合的极限情况来设计循环图是不可靠的，因为会存在机构运动规律的误差、机构运动副存在间隙、机构构件的受力或时间变形、机构的调整、安装存在误差、运动冲击等产生的位移误差等。

因此，必须使打码头机构 2 的 A_2 点在时间上比推送机构 1 的 A_1 滞后，才能保证两机构正常可靠运行。时间滞后量 Δt 的大小应根据实际情况综合确定。考虑到各种原因引起时间滞后量的循环图如图 2-15（e）所示。

图 2-16 所示是经过时间同步化后，具有合理工作循环的循环图。由图可知，两机构的运动在时间上是重合的，使整个工作循环时间缩短了，从而提高打印机生产率。

② 多个执行机构运动循环的时间同步化。按照上述方法，当自动机具有多个执

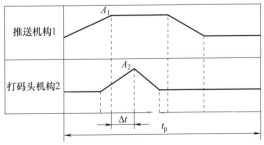

图 2-16　同步化后的打码机工作循环

行机构，并且只具有时间顺序关系，其同步化步骤方法一样。

为了进一步说明在循环图同步化设计中的一些技巧问题，以图 2-17 所示的自动电阻压帽机为例，讨论具有送斗、夹料和压帽 3 个执行机构的运动循环图的同步化过程。

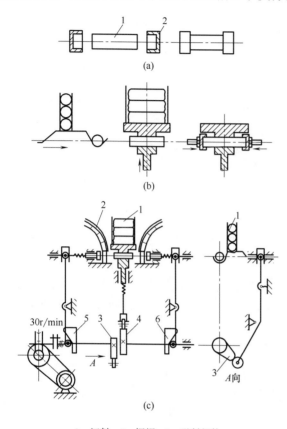

图 2-17   自动电阻压帽机工艺流程与传动示意

1—坯料 2—铜帽 3—送料机构
4—夹紧机构 5、6—压帽机构

a. 绘制工艺原理图，分析工艺操作顺序。产品由一个坯料 1 和两个铜帽 2 装配而成，如图 2-17（a）所示。其工艺原理如图 2-17（b）所示，包括 3 个工艺过程，见图 2-17（c）。首先送电阻坯料。送料机构 3 从料仓中取出坯料 1 并送至压帽工位。其次，坯料夹紧定位。夹紧机构 4 把坯料 1 夹紧定位，送料机构 3 退回原位。再次，送帽/压帽。压帽机构 5 和 6 将铜帽 2 快速送到加工位置，然后慢速压到电阻坯料上，操作完毕后，压帽机构复位，夹紧机构 4 退回，加工好的产品自由落入受料箱内。

以上动作，采用凸轮分配轴进行自动顺序控制。从工艺原理图看出，各执行机构的运动只有时间上的顺序关系，因此，只要根据各执行机构的运动循环图，就可以进行时间同步化设计。

b. 绘制各执行机构的运动循环图。第 1 步，确定各执行机构的运动循环时间 t_k，给定电阻压帽自动机的生产纲领为 12500 件/班，停顿系数 $\varepsilon = 0.13$。

则理论生产率为：

$$Q_T = \frac{12500/(1-0.13)}{60 \times 8} \approx 29.93 \text{（件/min）}$$

按 $Q_T = 30$ 件/min，通常凸轮分配轴每转一周加工一个产品，分配轴转速为 $n = 30$（r/min）。

分配轴每转一周的时间就是自动电阻压帽机的工作循环时间 t_p，也等于各个执行机构的运动循环时间 t_k，有，$t_p = t_k = \dfrac{1}{n} = \dfrac{1}{30}$（min）$= 2$（s）

第 2 步，确定各机构运动循环的组成区段。送料机构 3 运动循环的组成区段：

$t_{p'3}$——送料机构的送料运动时间；

t_{op3}——送料机构的工作位置停留时间；

t_{d3}——送料机构的返回运动；

t_{od3}——送料机构的返回后停留（初始位置停留）。

因此，送料机构 3 的运动循环时间为：$t_{k3} = t_k = t_{p'3} + t_{op3} + t_{d3} + t_{od3}$

相应的分配轴转角为：$\phi_{k3} = \phi_{p'3} + \phi_{op3} + \phi_{d3} + \phi_{od3} = 360°$

夹紧机构 4 运动循环的组成区段有：夹紧机构的工作运动、夹紧机构的工作位置停留、夹紧机构的返回运动、夹紧机构的返回后停留（初始位置停留）。因此，夹紧机构 4 的运动循环时间 t_{k4} 和相应的分配轴转角 ϕ_{k4} 也有上述关系。

压帽机构 5 或 6 运动循环的组成区段有：压帽机构的快速送帽运动、慢速压帽运动、返回运动、返回后停留（初始位置停留）。

同样，压帽机构 5 的运动循环时间 t_{k5} 和相应的分配轴转角 ϕ_{k5} 有上述关系。

第 3 步，确定各机构运动循环内各区段的时间及分配轴转角。从该机的工作情况可知，送料机构 3 是主要机构，以其工作起点为基准进行同步化设计。

送料机构 3 运动循环各区段的时间及分配轴转角。根据工艺要求，并经实验证实，送料机构工作位置停留时间应取 $t_{op3} = \dfrac{1}{3}$（s），则相应的分配轴转角为 $\phi_{op3} = \dfrac{t_{op3}}{t_{k3}} \times 360° = \dfrac{1/3}{2} \times 360° = 60°$

根据其工艺要求和运动规律特点，确定其他三段的时间分别为：$t_{p'3} = \dfrac{1}{2}$（s）；$t_{d3} = \dfrac{1}{2}$（s）；$t_{od3} = \dfrac{2}{3}$（s）

可计算出相应分配轴的转角分别为：$\phi_{p'3} = 90°$；$\phi_{d3} = 90°$；$\phi_{od3} = 120°$

夹紧机构 4 运动循环内各区段的时间及分配轴转角。根据工艺要求并参照相关生产实践经验，取夹紧机构工作停留时间为：$t_{op4} = \dfrac{11}{12}$（s），可计算出相应的分配轴转角为 $\phi_{op4} = 165°$。其他三段的时间和分别相应分配轴的转角为：

$$t_{p'4} = \frac{5}{12}\ (\text{s}),\quad t_{d4} = \frac{5}{12}\ (\text{s}),\quad t_{od4} = \frac{3}{12}\ (\text{s})$$

$$\phi_{p'4} = 75°;\quad \phi_{d4} = 75°;\quad \phi_{od4} = 45°$$

压帽机构 5 或 6 运动循环内各区段的时间及分配轴转角。

根据工艺要求分别确定为：

$t_{op5} = \dfrac{23}{36}$（s）；$t_{p'5} = \dfrac{15}{36}$（s）；$t_{d5} = \dfrac{18}{36}$（s）；$t_{od5} = \dfrac{16}{36}$（s）

$\phi_{op5} = 115°$；$\phi_{p'5} = 75°$；$\phi_{d5} = 90°$；$\phi_{od5} = 80°$

第 4 步，绘制各机构的运动循环图。用以上计算结果，分别绘制 3 个执行机构的运动循环图，如图 2-18 所示。

c. 各执行机构运动循环的时间同步化设计。第 1 步，确定自动电阻压帽机最短的工作循环 t_{pmin}。根据工艺要求，3 个机构的运动可在时间上重合，当送料机构 3 将电阻坯料送到加工位置（A_3

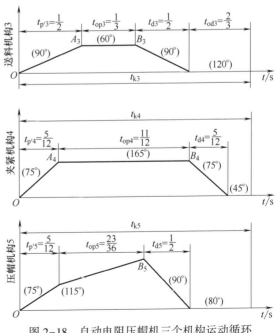

图 2-18　自动电阻压帽机三个机构运动循环

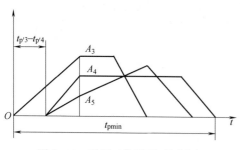

图 2-19　最短工作循环时间确定

点）后，夹紧机构 4 就可以将坯料夹紧（A_4 点），压帽机构 5 就可开始对电阻坯料进行慢速压帽操作（A_5 点）。3 个机构运动循环在时间上的联系点由循环图上的 A_3、A_4、A_5 点三点决定。使这 3 个机构的循环图上 A_3、A_4 和 A_5 三点重合，是 3 个机构运动在时间上联系的极限情况，就可确定自动机最短的工作循环时间。最短工作循环时间的循环图如图 2-19 所示。

根据图 2-19 可以计算出最短工作循环时间为：

$$t_{pmin} = t_{p'4} + t_{op4} + t_{d4} + (t_{p'3} - t_{p'4}) = \frac{5}{12} + \frac{11}{12} + \frac{5}{12} + \left(\frac{1}{2} - \frac{5}{12}\right) = 1\frac{5}{6}(s)$$

实际确定时，由于存在实际误差因素，不能让 A_3、A_4 和 A_5 三点重合，必须让机构 4 的 A_4 点滞后机构 3 的 A_3 点；机构 5 的 A_5 点滞后机构 4 的 A_4 点。它们的滞后量或称错移量分别用 Δt_3 和 Δt_4 表示，其量值大小根据自动机的工作情况，通过试验或类比方法加以确定。考虑运动滞后量的同步化运动循环图如图 2-20 所示。

第 2 步，计算同步化后自动电阻压帽机的工作循环 t_p。

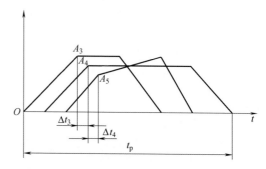

图 2-20　增加运动滞后量的同步化循环

由图 2-19 及图 2-20 可知 $t_p = t_{pmin} + \Delta t_3$

本例由实验得出，取 $\Delta t_3 = \frac{1}{6}$（s），$\Delta t_4 = \frac{1}{12}$（s）较合适，相应的分配轴转角的滞后量分别为 $\Delta\phi_3 = \frac{\Delta t_3}{t_p} \times 360° = 30°$，$\Delta\phi_4 = 15°$

自动电阻压帽机同步化的工作循环时间为：$t_p = t_{pmin} + \Delta t_3 = 1\frac{5}{6} + \frac{1}{6} = 2$（s）

经过上述同步化设计，实现了与理论生产率 Q_t 对应的工作循环时间一致。

d. 绘制自动电阻压帽机的工作循环图。各执行机构运动循环时间同步化后，就可绘制自动机的工作循环图，如图 2-21 所示。利用此工作循环图就可设计凸轮分配轴上的轮廓曲线。

通过以上设计，完成了这台自动机各机构同步化设计。按照上述工作循环图设计加工出的凸轮分配轴控制系统，就能使该自动机各执行机构的动作协调一致。

从优化设计的角度，降低非工作时间或重复等候时间，进一步挖掘潜力来提高自动机的生产率，再深入分析已设计出的工作循环图（图 2-21）可以发现，在送料机构 3 前 45° 转角内，机构 4 和机构 5 均处于停歇状态，而在机构 4 与机构 5 的往返运动中的约 45° 范围即 315°～360° 内，机构 3 处于停歇状态。若在 315°～360° 的范围内，把机构 4 与机构 5 的这部分返回运动移到 0°～45° 范围内，代替原来的停歇区段，从而把机构 3 这部分停歇时间截掉。

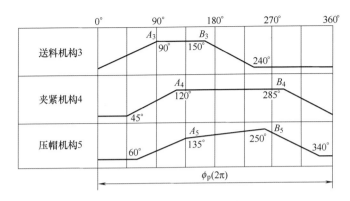

图 2-21　自动电阻压帽机工作循环

像这样，只是执行机构的停歇时间减少了 45° 所对应的时间，它不会改变原来的工艺操作时间，这就得到一个如图 2-22 所示的优化后的工作循环图。其工作循环时间由原来的 t_p（或 ϕ_p）减少到 t'_p（或 ϕ'_p）。截去 45° 后的工作循环时间变成

$$t'_p = \frac{\phi'_p}{\phi_p} \cdot t_p = \frac{315}{360} \times 2 = 1.75 \ (\text{s})，相应$$

的分配轴转速和理论生产率变为 $n'_p = \dfrac{1}{t'_p} = 34.3$（r/min）。

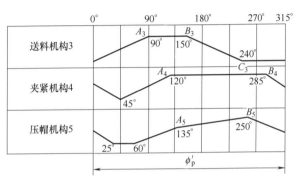

图 2-22　优化后的自动电阻压帽机工作循环

由以上分析可知，原来需要 2s 生产一件产品，修正后只需 1.7s 就能生产一件产品，显然生产率进一步提高。但修正后的循环图中，ϕ'_p 只有 315°，而生产一件产品，分配轴必须转 360° 才能完成一件产品。为此，要对图 2-22 进行修正。修正的办法是：在保证 $t'_p = 1.75$s 情况下，把 $\phi'_p = 315°$ 扩大到 360°，图中各执行机构按图形比例或用分析法求出各运动循环时间。最终修正后的自动电阻压帽机循环图如图 2-23 所示。

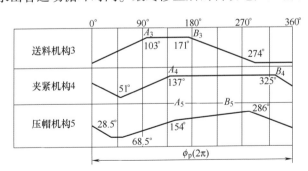

图 2-23　修正后的自动电阻压帽机工作循环

（2）执行机构运动循环的空间同步化。机构中的构件都有一定的空间大小，工作时需占用一定的空间位置。因此，执行机构之间的运动既具有时间上的顺序关系，又具有空间上的干涉关系，建立这些机构运动循环之间的正确联系，称为运动循环的空间同步化设计。

图 2-24 所示为纸板折叠包装机的两个折侧边的执行机构工艺原理。

折边手指有一定空间，手指退出后才能进行下一个动作。因此，不仅有时间上的顺序关系，而且还有空间上的相互干涉关系。

图中折边机构 1 和 4 采用凸轮摆杆机构实现。M 点是两折边器运动轨迹的交点，亦是空

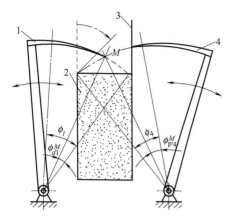

1—左折边构件　2—被包裹物（产品）
3—成箱纸板　4—右折边构件

图 2-24　纸板折叠包装机折侧边机构工艺原理

间干涉点。如两折边机构的运动循环同步化设计不正确，就会发生如下两种可能。一是由于两折边器先后顺序动作的间隔时间太长，使已折过边的包装纸重新弹到虚线位置，使包装质量无法保证。二是由于两折边器先后顺序动作的时间间隔太短，使两折边器在空间相碰，导致机件损坏。因此，对这两个执行必须进行空间同步化设计。

空间同步化设计的基本步骤按下列过程进行。

① 各执行机构运动循环图设计。

② 确定绘图比例，位移图和尺寸图按同样比例进行绘制。

③ 绘制各执行机构执行构件的实际位移图。

④ 绘制各执行机构的工艺简图，应按实际尺寸画，确定干涉点 M 的相对位置，并利用执行构件中的位移图和机构的工艺简图，确定 M 点在位移图上的坐标位置。

⑤ 进行执行机构运动循环的时间、空间同步化设计，即确定各执行机构运动错移量。

⑥ 绘制自动机的空间同步化运动循环图。

实例分析

例 2-9　图 2-25 所示为某自动包装机的送料和转位机构，由推杆 1、推杆 2 和间歇运动转盘（转盘轴为水平位置）来完成以下操作。

第一步，推杆将工件从初始位置 Ⅰ 推到位置 Ⅱ 后，停留 0.35s，作为工件左行的导轨面。推杆 1 上升行程用时 0.4s，回程时间 0.2s。

第二步，推杆 2 将工件从位置 Ⅱ 推到位置 Ⅲ 后立即返回，推进行程用时 0.6s，回程用时 0.3s。

第三步，转盘带工件转过一个工位后停止，每次转位时间为 0.3s。推杆 1、2 均为等速运动，各执行机构原始位置及机构位移量如图 2-25 所示（单位为 mm）。

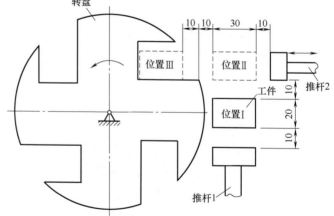

图 2-25　某自动包装机的送料和转位机构

要求：

① 绘制三个机构的运动循环图。

② 绘制三个机构运动循环的同步图，并求出最短工作循环 t_{pmin}。

③ 若各同步点的错移量 $\Delta t = 0.05s$，画出各机构同步化运动循环图。

④ 优化设计自动机的工作循环图，并计算出自动机的理论生产率 Q_T。

解： ① 根据已知条件，绘制出三个执行机构运动循环图，如图 2-26 所示。

机构运动中的停留是为了适应另一机构的动作，因此这里各执行机构的返回停留时间 t_{od} 暂不能确定。

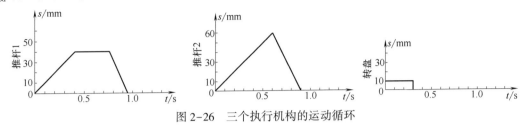

图 2-26　三个执行机构的运动循环

② 根据图 2-25 所示，转盘逆时针间歇转动，推杆 1 上下运动，推杆 2 左右运动，三个机构之间存在以下 3 个空间同步点：以推杆 1 起始时刻为该自动机的运动循环起点，推杆 1 上升 0.4s 到位时，推杆 2 最多只能向左行程 10mm；推杆 2 回程 10mm 时，转盘才能开始转位；推杆 2 回程 50mm 时，推杆 1 最多上升行程 20mm。

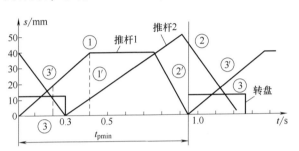

图 2-27　三个执行机构最短工作循环同步图

按照上述三个位置点，可绘出该包装机最短工作循环同步图，如图 2-27 所示。

根据图 2-27 可以计算出最短工作循环时间为

$$t_{min} = (0.4 - 0.1) + 0.6 + (0.25 - 0.2) = 0.95(\text{s})$$

从计算结果和图中，可以看出推杆 1 回程后无须停留即可进入下一循环。

③ 若增加各同步点的错移量 $\Delta t = 0.05\text{s}$ 时，其工作循环同步图如图 2-28 所示。

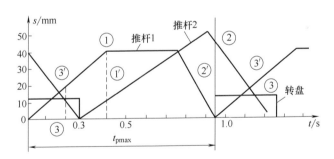

图 2-28　增加错移量后的工作循环同步图

由图 2-28 可知，工作循环周期为

$$t_p = t_{pmin} + 2 \times \Delta t = 0.95 + 2 \times 0.05 = 1.05(\text{s})$$

根据图 2-28 所示，工作时驱动轴匀速旋转一周生产一个产品，利用执行机构的时间和轴转角成正比的关系，优化后可得到用直角坐标方法表达的包装机的工作循环图，如图 2-29 所示，同时根据位移与转角的关系可以设计机构 1 和 2 的凸轮曲线。

④ 计算理论生产率

$$Q_T = \frac{1}{t_p} = \frac{1}{1.05} \approx 0.95(\text{件/s}) = 57(\text{件/min})$$

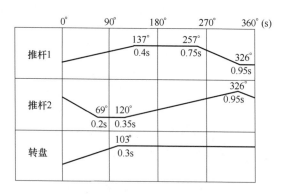

图 2-29 自动包装机工作循环图

2.5 自动机循环图的设计步骤与实测

为了分析研究现有自动机的运动状态及各机构的运动循环，需要对该自动机的工作循环进行实测。为了对自动机的动作进行调整，也需要对执行机构的动作进行测试。可以说，自动机循环图的实测方法广泛应用于自动机的性能分析与改进、安装与调试、维护与管理工作中。因此，它是设备管理和维修技术人员必须掌握的技能之一。

2.5.1 自动机循环图的设计步骤

根据前述内容的分析和实例，总结出自动机循环图的设计步骤如下：
① 绘制自动机的工艺原理图，并标明工艺操作顺序。
② 根据给定生产量（生产纲领）及停顿系数，计算出自动机的理论生产率和工作循环时间。
③ 绘制各执行机构的运动循环图。
④ 各执行机构运动循环的同步化（时间与空间同步化）。根据空间同步化的要求，必要的时候应绘制出执行机构的位移图。
⑤ 拟定和绘制自动机的工作循环图。对于具有电气、液压与气动控制系统的自动机，还应拟定信号循环图。

2.5.2 自动机循环图的实测

下面通过对常见由凸轮分配轴控制的自动机的循环图实测绘制，介绍某自动机的循环图实测绘制技巧：
① 用硬纸板或木板制作一个适当大小的圆盘，并按所选分度值将圆盘等分。
② 将该分度后的圆盘固定于分配轴一端或与分配轴相关的轴端，并在机架上选定定位标线。
③ 选定某一机构作为基准机构，以此机构的起始位置为分度圆的零位，对准定位标线。
④ 用手慢慢转动分配轴或与分配轴有关联的轴，按每一分度值测出各执行机构的相应

位移量，并记录在表格中，直到分配轴转过一周为止。

⑤ 根据实测数据，用坐标纸绘制出各机构的位移图（位移与转角关系图）。

⑥ 确定各机构的工作状态，并绘制自动机的工作循环图。

⑦ 根据位移图，用图解微分法给出机构的速度和加速度曲线图。

⑧ 分析研究该自动机的工作循环的合理性，并提出改进设计的意见和措施。

BZ-350 型糖果包装机是典型的由凸轮分配轴控制的多机构协调动作自动机。现以此为例，说明自动机循环图的实测绘制技巧。

图 2-30 所示为 BZ-350 型糖果包装机的主传动系统图。Ⅱ 轴为分配轴，但 Ⅱ 轴两轴端均在箱体内，无法将分度圆盘装在分配轴上，为此可将分度圆盘装在 $D180$ 的带轮轴上。由图中传动的关系可知，分配轴 Ⅱ 转一转，分度盘应转 $Z80/Z25 = 3.2$ 转，即在具体测试时，分度盘转角与分配轴转角存在 3.2 倍关系，分配轴转一圈完成一个工作循环，要求 $D180$ 带轮轴转动 3.2 圈。这里要进行适当换算才能绘制出各执行机构的运动循环图。

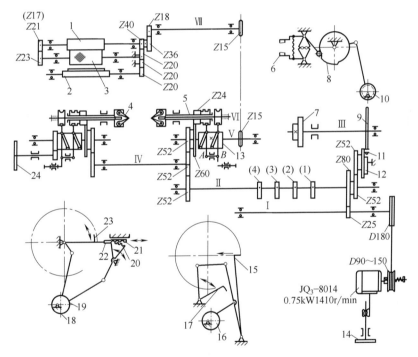

1—卷纸筒　2—滚刀轴　3—橡皮滚筒　4—扭结手　5—扭套套轴　6—夹糖钳　7—转盘　8—凸轮　9—槽轮
10—2 号偏心轮　11—拨销　12—拨盘　13—扭结手凸轮　14—张紧手轮　15—后冲头　16—4 号偏心轮　17—打糖杆
18—3 号偏心轮　19—1 号偏心轮　20—扇形齿轮　21—齿条　22—前冲头　23—折纸板　24—盘车手轮

图 2-30　BZ-350 型糖果包装机的主传动系统

测量时用手慢慢转动盘车手轮 24，以工序盘刚开始转动瞬时作为各执行机构运动循环起点，即当工序盘刚转动（或转臂圆销刚进入槽轮的槽）时把指针对准分度圆盘的某一刻度（一般可通过安装螺钉调整到 0 位刻度），以此刻度为起点，观察各执行机构的动作情况（如工作前进、工作停留、返回、返回后停留）并记录在实测表格中。

多测几次，用平均值来消除测量误差。通常，建议每个执行机构要实测 4 次，取 4 次的平均值来绘制循环图。

图 2-31 所示为 BZ-350 型糖果包装机部分执行机构的工作循环。

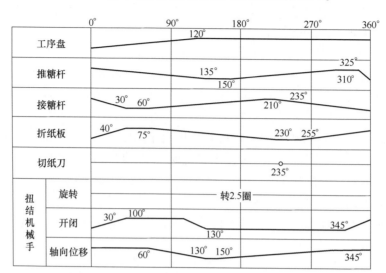

图 2-31　BZ-350 型糖果包装机部分执行机构工作循环

思考及综合分析题

1. 什么是自动机的理论生产率？间歇作用型和连续作用型自动机的理论生产率如何计算？

2. 什么是自动机的实际生产率？间歇作用型自动机的实际生产率如何计算？

3. 提高自动机与自动线生产率的途径有哪些？

4. 选择工艺方案时，应考虑哪些问题？

5. 什么是自动机的工作循环？什么是执行机构的运动循环？两者有什么关系？

6. 执行机构运动循环一般包括哪几个阶段？

7. 循环图有几种表达方式？各有何特点？

8. 执行机构运动循环图的设计和计算一般有哪 4 个步骤？怎样分配各区段的时间或分配轴的转角？

9. 设计自动机循环图时，怎样进行运动循环的时间同步化？怎样进行运动循环的空间同步化？

10. 某药粒自动包装机，每班（以 8h 计）生产 25g/包规格小包装药品 450kg，请计算其理论生产率 Q_T（包/min）和工作循环周期（s）。

11. 已知自动电阻压帽机的电动机转速为 1400r/min，经皮带及蜗轮蜗杆两级减速后到分配轴，总传动比为 48。分配轴每转一转生产一个产品。该机约在一个工作班（8h 计）停机 15 次，每次平均 3min，试计算该机的理论生产率和实际生产率分别是多少？

12. 某两步法口杯成型自动生产线，理论生产率 $Q_T = 36$ 个/min，该线在运行时统计每班内，一次成型机停机 5 次，每次 3min；二次成型停机 4 次，每次 2min；切边机停机 3 次，每次 4min；磨光机停机 2 次，每次 5min。试分别按同步自动线和非同步自动线计算该自动线的实际生产率为多少？

13. 某回转式液体负压自动灌装机,转盘上灌装工位 48 个,转盘转速 3r/min。该机在 8h 内装瓶停顿 40 次,每次平均影响 6 个空瓶位。计算该自动机的理论生产率和实际生产率。

14. 如图 2-32 所示,某纸张折叠包装机由推杆 1、上折纸板 3、下折纸板 6 及工位框 4 来完成以下操作:

① 推杆 1 将块状产品推入工位框内后立即返回,行程 $S_1 = 120mm$,往返时间各为 1.2s;

② 上折纸板 3 折纸到位后停留 0.3s 再返回原位,行程 $S_2 = 70mm$,往返时间各为 0.7s;

③ 下折纸板 6 折纸到位后停留 0.3s 再返回原位,行程 $S_3 = 60mm$,往返时间各为 0.6s。

已知三个机构均为等速运动,上、下折纸板的厚度均为 5mm,各执分机构的原始位置如图所示。要求完成以下任务:

a. 绘制三个机构的运动循环图,求出 t_{pmin};

b. 若同步点错移量 $\Delta t = 0.1s$,绘出三个机构的工作循环图,并求其生产率。

(注:工位框 4 及包装纸的运动可暂不考虑。)

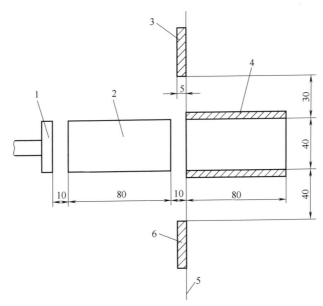

1—推杆　2—块状产品　3—上折纸板　4—工位框　5—包装纸张　6—下折纸板

图 2-32　纸张折叠包装机工作示意

15. 请扫码观看视频 2-3,回答该食品加工机中有几个执行机构需要进行同步化? 用手机秒表实测该机的工作节拍,计算其理论生产率是多少?

视频 2-3

第3章 自动机械的常用装置分析

产品的种类、规格和型式多样，所使用的自动机械亦有多样性，这些设备在原理与结构上存在异同点，为了更好地进行自动机械的研发与使用，需要分析其机构特点，挖掘它们的共同特征，以利于其普适性。

本章将对自动机械中常用的供料、定位、定量和传送装置等做以介绍，掌握这些共性的知识和技能，就可以解决自动机械与生产线制造和使用领域的一些技术问题，起到触类旁通的作用。

3.1 供 料 装 置

供料装置用来实现原料或坯料的定向定量，并按要求把坯料送到加工位置的执行机构。原材料品种多样，本节所介绍的原料主要是固态物料。

固态物料根据其物理性能和形状不同，供料装置的方式有多种。一般按照物料的几何形状和物理力学性能，把固体供料装置分成四类：即卷料供料装置、薄片料供料装置、单件物料供料装置及粉粒料供料装置。粉粒料常用料槽或管道供料，重点是定量，将在物料定量内容中介绍。另外对于形状不规则的物料经常用到电磁振动供料装置。

3.1.1 卷料供料装置

卷料在生产中使用非常多，常见的连续卷料，通常是卷制在芯筒上。

根据物料横断面的形状，主要有细长丝线状和扁平带状。细长丝线状如各种绳线、金属丝、空心软管等，断面尺寸不大。扁平带状的有各种塑料薄膜、纸张、金属带、布卷及编织带等。

对卷料的供送涉及众多领域，如绳线会在纺织及包装中用到。金属细丝或棒在钟表、缝纫机、制笔、灯丝、书籍装订及电子产品生产中普遍使用。自动切削机床将棒料加工成仪表零件、螺钉、缝针、圆珠笔头、小轴，绕制成弹簧等。金属薄片带料被自动冲床或卷床加工成各种罐、盖、盒及桶等。印刷行业用卷筒纸或薄膜印刷图文。自动包装机械应用各种薄膜状包装材料对产品进行包装。还有利用卷料来生产各种工业材料，如瓦楞纸板、复合材料等。如视频3-1是口罩自动化生产线，其中有较多的卷筒物料输送。

图3-1所示为以卷筒纸为原料生产瓦楞纸板的工艺示意图。卷制的原纸经开卷、校平直、对中、保持一定张力送入加工工位完成贴合，形成纸板，再经过切割，制成所需规格的纸板。

图3-2所示为卷料钢丝绕制弹簧的应用示意。卷料供料装置的主要作

视频 3-1

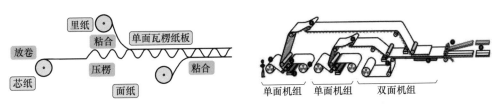

(a) 瓦楞纸板工艺图　　　　　(b) 卷料生产多层板应用

图 3-1　卷料供料生产瓦楞纸板示意

用是根据自动机械工作要求完成定长供料。通常卷料供料装置由支架、牵引送料、对中纠偏、校平校直张力控制和裁切分割等装置组成，对于高速自动机，还增设有不停机接料装置。

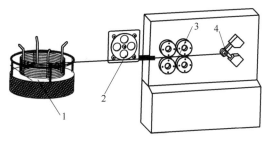

1—钢丝卷及支架　2—牵引送料　3—校直　4—弹簧绕制

图 3-2　卷料钢丝弹簧绕制示意

（1）卷筒料的支承架和张力控制装置。卷筒料的支承和张力控制装置也称开卷装置。卷筒料中心必须固定支承在机架上，方便旋转开料，且卷料筒的轴向放置位置可调，方便对中。卷筒转动要灵活，并为卷料的展平提供一定的牵引力和张弛力，以防止绽开的料带时紧时松，在输送过程中摆动与跑偏。因此，该装置一般由支座、卷筒（盘）心轴、卷筒轴向位置调节装置、制动张力装置等组成。

① 卷筒料的支承架。根据卷筒料的直径大小，分为有芯轴和无芯轴型。通常卷筒外径不大或轴向尺寸较小时采用有芯轴结构，安装调节方便。

用于较低速度的卷筒纸或膜卷材料支架如图 3-3 所示。穿过卷筒原料 1 心部的芯轴 3 是一根钢制长轴，其左右端装有两个锥形定位夹头 2，起到夹紧料卷的作用。锥头用锁紧套 8 紧固在芯轴上，转动手轮 7 可使其轴向移动，夹紧料卷。料卷夹紧后，连同芯轴一起安装到机架 6 对开的支承架轴承 4 上，手轮 5 完成料卷的轴向移动。

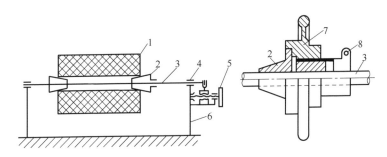

1—卷筒原料　2—锥形定位夹头　3—芯轴　4—支承架轴承　5、7—手轮　6—机架　8—锁紧套

图 3-3　有芯轴卷筒支架示意

该结构常见于低速的卷筒纸印刷机中。另外芯轴的结构还有气胀式和复式螺旋式。

用于大型自动机上的卷料供料装置如图 3-4 所示，采用无芯轴方式，该装置一次可同时安装 3 卷材料。

这种料卷安装没有穿料长轴，用锥头 22 顶尖卡紧。料卷卡紧和轴向微调通过件 9、10、11、12 和 14 实现。三个料轴的换位由电机 1 驱动传动件 2、3 和 4 实现，更换料卷时工作，正常生产时停在一个位置。整体料卷架可左右移动实现料卷 17 中心对正，调整时通过电机 20、蜗轮 19 驱动丝杠 18，左右拉动轮架中心轴 15 移动，左右位置量可通过件 5、6、7 和 8 测得，并通过限位块 7 限制最大移位量。

这种料卷卡紧方式由于速度快，料卷卡紧牢固可靠，而且每次卡紧力基本一致，故在现代高速卷筒纸印刷机上被广泛采用。

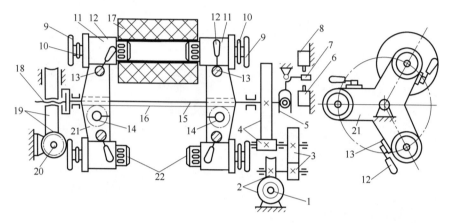

1、20—电机 2—传动蜗杆 3、4—齿轮组 5—双向摆杆 6、8—行程开关 7—限位块 9—手轮
10—螺母 11—锁紧轴套 12—手柄 13、14—齿轮 15—轴 16—齿条 17—料卷
18—丝杠 19—蜗轮 20—电机 21—支架 22—锥头

图 3-4 无芯轴型三卷筒料支架示意

② 张力控制装置。卷料绽开后须保持一定的张力，才能顺利进入下道工序，且不易跑偏。张力控制有圆周制动、轴制动、自动控制张力系统等多种方式。

a. 圆周制动控制张力。即对料卷的外圆施加摩擦阻力。

常见有三种形式，如图 3-5 所示。运动制动带应用较多，特别在印刷机中，接纸工作时用来对纸卷开卷。优点是结构简单，可较好地稳定偏心纸卷展开时的张力（固定制动带）。缺点是易弄脏损坏纸面，产生静电。

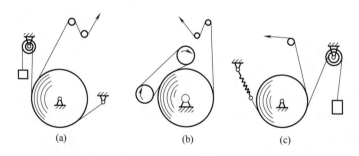

图 3-5 圆周制动控制张力示意

（a）恒重力制动 （b）制动带 （c）弹簧与重力组合制动

b. 轴制动控制张力。利用机械、气动或电磁粉装置，将阻力直接施加在料筒轴上。

图 3-6 所示为摩擦带式机械控制原理。优点是不与料面接触，不易损坏料面，不会产

生摩擦静电。缺点是当卷料直径较大时，不能有效控制偏心料卷产生的惯性力，因此，对料卷的圆柱度要求高。

c. 自动控制张力。自动印刷机械在工作过程中，纸卷直径大小、机器速度变化、纸带质地分布不均匀，以及纸带通过滚筒空挡时都会引起纸带张力的波动。为了使纸带张力恒定，必须使纸卷制动力能够根据纸带张力波动的情况随机调整。因此，现代卷筒纸印刷机上都设置有张力自动控制系统。

图 3-7 所示是一种用磁粉制动器对纸卷轴进行制动的张力自动控制系统。正常工作时图中纸卷 1 开卷后纸带 2 经浮动辊 3、张力感应辊 4、调整辊 5，由送纸辊 6 带入印刷部分。电压 U_1 是根据正常张力设定好一个数值，印刷过程中由于各种原因引起纸带张力变化时，张力感应辊 4 会偏离正常位置，传感器的电压 U_2 会发生变化，综合信号放大器根据两

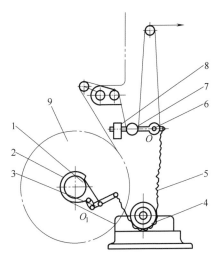

1—制动轮轴　2—摩擦带　3、6—摆杆　4—导向轮　5—弹簧　7—导轮　8—配重锤　9—料卷
图 3-6　摩擦带式机械控制原理

个电压的变化量自动控制磁粉制动器，改变磁粉制动器对纸卷轴的制动力矩，使纸带恢复到正常张力，张力感应辊 4 复位。

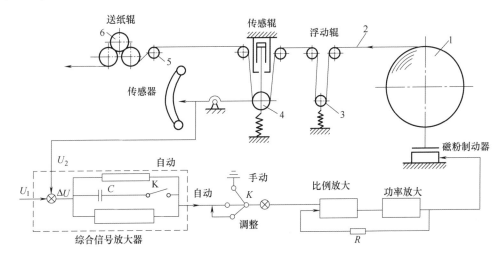

1—纸卷　2—纸带　3—浮动辊　4—张力感应辊　5—调整辊　6—送纸辊
图 3-7　使用磁粉制动器的张力自动控制系统工作原理

（2）卷料的送料牵引装置。卷料芯轴大多数无动力，工作时需用牵引力将物料拉开送进。常用的卷料送料牵引装置有往复夹紧拉出和摩擦滚轮牵引式两种。

① 往复夹紧拉出送料装置。图 3-8 所示是往复夹紧拉出送料装置结构。卷料夹紧的机构安装在滑板 3 上，夹紧卷料的动作由滑板上部可调整的上夹紧块 5 和下夹紧块 4 来实现。弹簧片 1 所产生的夹紧力顶住摆杆 2，使下夹紧块向上顶紧。滑板作往复运动，其动力可选择机械式，也可用液压或气动式。

工作时，当滑板 3 向左移动时，下夹紧块 4 在坯料表面滑过；当滑板 3 向右移动时，物

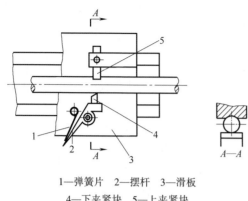

1—弹簧片　2—摆杆　3—滑板
4—下夹紧块　5—上夹紧块

图3-8　往复夹紧拉出送料装置结构

料被夹持在上夹紧块5和下夹紧块4之间，一起向右移动，从而实现送料。送料的尺寸长短可通过改变滑板3的行程实现。

这种装置结构简单，但易损伤物料表面，送料长度也存在一定误差，只适用于对物料表面和定量长度要求不高的场合。

②摩擦滚轮牵引式送料装置。这类送料装置靠滚轮与坯料之间的摩擦力进行送料。其优点是滚轮与坯料之间的接触面积较大，不会压伤材料，在金属丝、金属带及纸张、塑料薄膜等卷料的供料装置中应用广泛。送料滚轮既可间歇回转，又可连续回转，实现间歇送料或连续送料。滚轮的形状应与被送卷料的截面形状相适应，滚轮的材料要根据被送卷料的材料来确定，常用黄铜、碳钢或包胶钢材等。

图3-9所示为板材自动冲压机供料装置。送料装置4和校平机构2都为滚轮式。带状原料盘绕在卷盘1上，先被输入到校平机构2，通过滚轮碾压矫平，再由送料装置4的一对辊轮送到冲压头5进行冲压加工。送料装置起着推送作用，同时有夹持作用，保证冲压时带料不移动。协调好送料装置和冲压头之间的同步运动关系，即可保证送料、冲压依次完成。

如图3-10所示为卷料线材自动供料应用图示。线材1经过校直滚轮2反复挤压校直，由分度器6控制的送料滚轮9间歇向前输送一定长度的原料，切刀7间歇切断线材1，切断的线材由输送链8送往下一道工序。

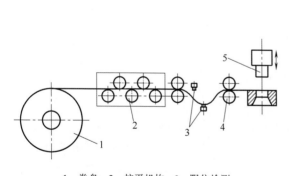

1—卷盘　2—校平机构　3—限位检测
4—送料装置　5—冲压头

图3-9　板材自动冲压机供料装置

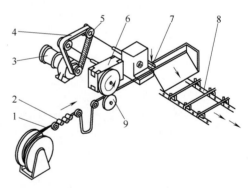

1—线材　2—校直滚轮　3、4、5—动力传动系统
6—分度器　7—切刀　8—输送链　9—送料滚轮

图3-10　卷料线材自动供料应用图示

（3）卷料的校直校平装置。线状或带状物料经长期卷曲后，开卷后不平直，为了保证送料畅通和加工质量，需将卷料校直校平，通常采用正反双向反复压挤的方法，使卷料在交错的销子或滚轮（导辊）间拉过时，弯曲部分受到压力产生相反方向变形，消除掉原有的变形而被校直校平。另外，这些交错排列的销子或滚轮还起着对卷料进行引导和转向的作用。

图3-11是利用多个固定销轴和滚轮将卷料校直校平的示意。固定销轴校直结构简单，

制造方便，但其弯曲程度不能调节。
为了防止卷料表面被擦伤，销子可用
尼龙、牛角等材料制作，适合于细丝
料。滚轮式校直机构中，滚轮的摩擦
力比固定销轴的小，以校直校平较粗
或较厚的卷料为主，滚轮的形状应与

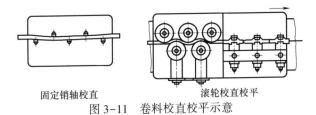

固定销轴校直　　　　滚轮校直校平

图 3-11　卷料校直校平示意

被校直卷料的截面形状相适应。在纸、塑料薄膜等柔性卷料供料装置中，这些交错排列的滚轮起着对卷料带导引、校正与转向的作用。

（4）卷料裁切装置。裁切装置用于将输送中的卷料按要求长度切断，可采用机械式切断刀或熔断切断两种方法。

机械式切断适用于金属丝、金属带、纸张及塑料薄膜等大部分材料，熔断切断可用于金属、塑料薄膜或复合材料薄膜等。熔断裁切多与热封装置组合一起使用。

机械式裁切装置按其结构特点，可分为飞刀裁切和滚刀裁切两种。飞刀裁切装置由飞刀和底刀两部分组成，底刀固定，飞刀刃和底刀刃处在同一剪切平面上。飞刀与底刀间可配置成剪切形式，飞刀可做反复摆动或转动，因卷料不停地前进，易使切口不整齐。飞刀与底刀亦可配置成齐切形式，此种情况下，飞刀应做往复平动，切口可保证齐整。图 3-12 所示为剪刀式摆动飞刀裁切装置。

若将飞刀安装在圆柱体上，使飞刀刃口与圆柱体轴线平行，使圆柱体绕轴线回转，则可与底刀一起组成齐切形式的裁切装置，此时安装在圆柱体上的飞刀称为滚刀，图 3-13 所示为用于立式软包装袋的旋转滚刀裁切装置应用示意。

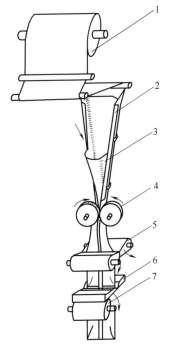

1—卷筒薄膜　2—象鼻成型器　3—加料斗
4—纵封辊　5—横封辊　6—固定切刀　7—旋转滚刀

图 3-13　旋转滚刀裁切装置应用示意

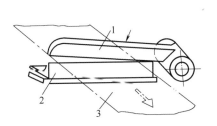

1—摆动飞刀　2—固定底刀　3—被剪物料

图 3-12　剪刀式摆动飞刀裁切装置

对于较宽幅面的材料可采用直动长刃刀切断，刀口上磨成矩齿形以利于切割。图 3-14 所示为横向直动长刀切断装置结构。图中由横梁 3、支承座 4、左右导杆 15 和支承板 18 组成固定架，上切刀条 10 安装在气囊 9 上，气囊充气可推动切刀直动，下切刀条安装 16 在底刀托座 17 上，气缸 19 可驱动其运动，上下刀相向运动相交，将处于刀刃间的材料切断。

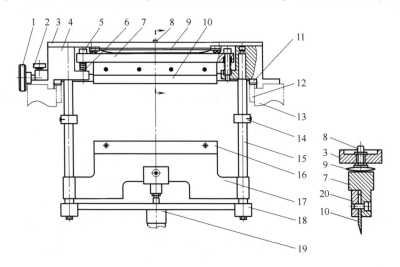

1—调整轮　2—锁紧轮　3—横梁　4—支承座　5—滑杆　6—弹簧　7—上刀座　8—气嘴　9—气囊　10—上切刀条　11—齿轮　12—齿条　13—机架　14—定位块　15—导杆　16—下切刀条　17—底刀托座　18—支承板　19—气缸　20—压板

图 3-14　横向直动长刀切断装置结构

还有用滚刀进行纵向分切的，图 3-15 所示为纵向分切滚刀装置结构。多个圆盘刀片 11 装在长轴 13 上，间距可调，微电机 1 驱动长轴转动，刀片在转动时将紧贴在其上的宽幅分切成条，宽度通过调整刀片间距实现。

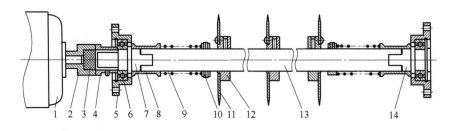

1—微电机　2—半联轴节Ⅰ　3—联结块　4—半联轴节口　5—安装座　6—轴承　7—轴头Ⅰ　8—滑套　9—弹簧　10—定套　11—圆刀片　12—刀座　13—长轴　14—轴头Ⅱ

图 3-15　纵向分切滚刀装置结构

图 3-16 所示是加压熔断式裁切工艺示意图。热封裁刀 1 与塑料薄膜 5 接触，使其熔封并切断。由输送滚轮 4 将薄膜送出。这种热熔封切一次完成两个工艺，缝口牢固度相对较小，外观整齐度不佳。

3.1.2　薄片料供料装置

薄片状原材料如纸张、纸板、塑胶板、金属薄片或皮革等，预先被裁切成一定规格，叠放在一起，供料装置只需保证每次从料仓中取出一件片料，将其送到加工工位上。由于片料整体没有挺度，无法抓取或推拉，主要采用在较大平面上用摩擦式擦取和真空吸取两种方式。

（1）摩擦式取料供送

图 3-17 所示为利用摩擦轮与片材表面之间的摩擦力将物料送出的摩擦式取料供送原理图。物料叠放在料仓 1 中，托料辊 7 上装有部分摩擦块，托料辊在转动过程中摩擦块与物料表面接触，在摩擦力的作用下，将最下面一层物料送出进入送料滚轮 4。

摩擦式取料供送只能间歇式给料，结构简单，速度慢，主要应用在小型打印机、复印机的供纸装置。

（2）真空吸取式送料。图 3-18 所示为利用直空吸嘴吸取物料装置的工作原理图。物料 2 叠放在料仓 1 中，通常平放，也有采用竖放的。真空吸嘴 3 摆动，当顺时针摆动时吸气吸住物料前移，送到滚轮 4、5 之间。上滚轮 5 位置可上下摆动，与真空吸嘴 3 配合，到位时吸嘴泄气放料，物料被滚轮 4、5 滚送到下一工位。

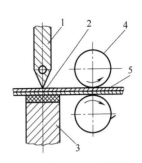

1—热封裁刀　2—耐热胶垫
3—封刀底垫　4—输送滚轮
5—塑料薄膜
图 3-16　加压熔断
式裁切工艺示意

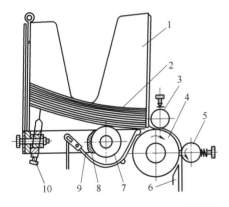

1—料仓　2—物料　3—上压辊　4—送料滚轮
5—侧压辊　6—导向　7—托料辊　8—摩擦块
9—升料顶杆　10—顶针
图 3-17　摩擦式取料供送原理

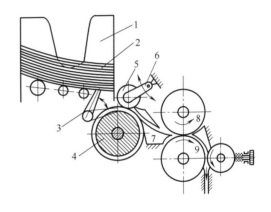

1—料仓　2—物料　3—真空吸嘴　4—送料滚轮
5—上滚轮　6—摆杆　7—导向板　8、9—输送轮
图 3-18　真空吸取式取料供送原理

真空吸取式依靠吹风和吸气装置把物料从料堆中松散并分离，它工作平稳、可靠，噪声小，速度高，但机械结构较复杂，分为间歇式和连续式两种。图 3-19 和图 3-20 分别是两种装置在印刷机供纸中的应用。

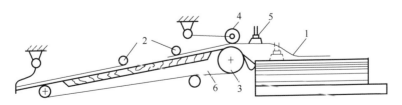

1—纸张　2—压纸滚轮　3—送纸辊　4—压纸轮　5—吸嘴　6—输纸带
图 3-19　间歇式真空吸取供纸原理

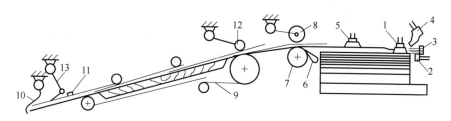

1—分纸吸嘴　2—松纸吹嘴　3—挡纸刷　4—压纸吹嘴　5—送纸吸嘴
6—前齐纸板　7—送纸辊　8—压纸轮　9~13—输纸装置

图3-20　连续式真空吸取供纸原理

3.1.3　单件物料供料装置

单件物品有规则的形状，供送时受到较小作用力时不会发生变形，以单件物料供料为主。单件供料装置主要解决从批量中分出单件和定向问题，物料需按一定方向或姿态进入下道工序。

单件物品形状多样，如日常生活中的锅碗筷勺、洗刷用品，工业生产中的链条链套、链片、销轴，照明器材的灯壳、喇叭管、玻璃杆、排气管、导线和灯丝，液体包装时的瓶、罐、盒、盖、塞，食品中糕点、糖果、香烟等。这些物品一般要先进行定向定量，再组装或包装。

通常，根据单件物品的轮廓形状和结构，设计特殊的机械装置进行定向定量。高速定向定量过程中有时会发生误操作，必须设有纠错或剔除装置。件料物品一般放置在储料器里。储料器分为料斗和料仓，可以整齐排列件料的储料器称作料仓，而无须排列件料的储料器称作料斗。

件料供料装置可分为料仓式半自动供料装置和料斗式自动供料装置两种。下面介绍常见件料物品的供料装置。

（1）推送式。对于物品形状呈方块形的物料，可以设计一定的通孔，用推杆推送。设计时通孔的形状一般按物品的最小横断面确定。图3-21所示用气缸推动的块状物料送料装置。推杆作直线运动，还可以采用曲柄滑块机构或凸轮机构实现。有一定厚度的板材、方盒、书刊等都可用这种方法实现供料。

对于圆形物料，可设置一定的料仓，用推送式进行供料。图3-22所示是气缸推动的球状或圆柱形物料送料装置。工件1需先在料仓3中排列放置，送料器2兼隔料器作用，在气缸4的驱动下按程序做往复运动。活塞5向右运动时，工件在自重作用

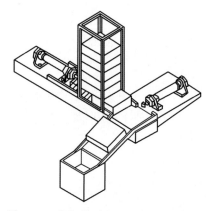

图3-21　气缸推动的块状物料送料装置

下落入夹紧摆杆6中，活塞5向左运动时，将工件送往所需位置。

（2）转动式。转动式有往复摆动式和单向转动式两种，主要适合圆形物料供送。

摆动式送料器可看成是直线往复式送料器的变形，如图3-23所示，主要由摇臂和料槽

等组成。摇臂顺时针摆动使容纳槽对准料槽口，两件物品顺序落入容纳槽中。然后逆时针摆动将物品送到加工工位。

摆动式送料器结构简单，供料速度较直线往复式送料器要高，亦适合于单工位自动机的供料。

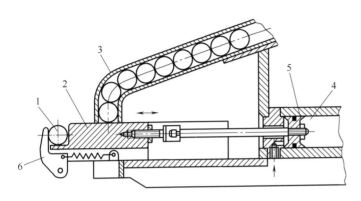

1—工件 2—送料器 3—料仓 4—气缸 5—活塞 6—夹紧摆杆
图 3-22 气缸推动的球状或圆柱形物料推送料装置

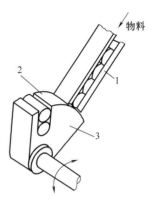

1—滑道 2—零件（物料）
止动面 3—扇形摇臂
图 3-23 摆动式供料装置

转动式送料器工作时做单向旋转，利用其轮缘上的料槽移送物料。图 3-24 所示为圆柱销磨削加工时的自动供料装置。当送料轮盘 2 顺时针转动使容纳槽对准料槽 1 时，物品被容纳槽接住、分离、供送到加工部位，然后由加工砂轮 3 进行磨削。

单向转动式送料器结构较复杂，但供料平稳、速度较高，广泛用于多工位自动机或要求高效、连续作用的供料。

（3）料斗式。料斗式供料装置可使放入其中的成堆工件无须排列，通过一定运动，使物件通过后完成定向。物料外形一般由较规则形状组合而成，如两段不同直径的圆柱体、圆柱与圆锥、圆桶形等。在钟表、制笔、无线电、产品包装等体积小、重量轻的零件的供料场合广泛应用。

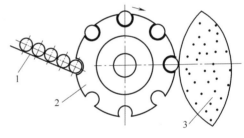

1—料槽 2—送料轮盘 3—加工砂轮
图 3-24 圆柱销磨削加工时的自动供料装置

① 转盘式料斗。图 3-25 所示是一种用于不同直径圆柱形物料的定向供料装置。物料 1 松散放入旋转料斗 2 中，每次加料不宜太多，调整叉式滑道的位置，方便物料进入叉道实现定向，进入滑道的物料按小头向下的姿态沿滑道送到待工作位置。

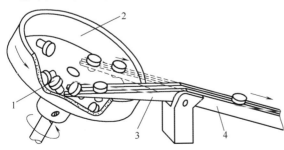

1—物料 2—转动料斗 3—可变位置叉式滑道 4—固定滑道
图 3-25 不同直径圆柱形物料的定向供料装置

② 挂钩式料斗。这种供料的挂钩要根据物料的形状特征设计，物料必须是内凹的。图 3-26 所示是挂钩式料斗供料装置。挂钩分布在料斗中的转动盘 7

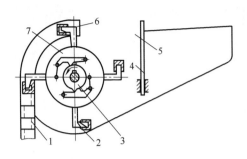

1—物料工件　2—挂钩　3—安全离合器
4—遮板　5—料斗　6—落料管　7—转动盘
图 3-26　挂钩式料斗供料装置

周边，倒入料斗 5 中的工件通过遮板 4 下的窗口进入左边壳体中。进入壳体的工件数可由遮板 4 调节窗口的大小来控制。在壳体中的工件，被旋转着的转动盘 7 上的挂钩挂住，并传送到落料管 6 中，落料管上面弯曲部分的内侧开有长槽。

挂钩式料斗的缺点是当落料管充满工件时，如果挂钩被继续带动，挂钩便被压在落料管的工件上，发生卡住现象。为了避免此现象，转盘与中心转轴设置有安全离合器。若挂钩被受料管中的工件所卡住，挂钩上的压力增大，中心轴转动时弹簧被拉长，越过凸起部分。当工件空出时，在弹簧作用下，保证了挂钩同心轴转动的一致性，进入正常工作。

③ 网带式送料。网带式送料基本组成是将宽皮带或网链传动竖直安装，适当小角度倾斜，在皮带的背面装上固定的磁铁块，或在带面上装上挡条，挡条与网带中心线适当倾斜，料斗置于网带的下侧。

图 3-27 所示为网带提升式料斗供料装置示意图。对于以铁磁材料为主要成分的物料，用磁铁可以吸住移动，如图 3-27（a）所示。不能用磁铁吸附的物料，用挡条挂起移动，如图 3-27（b）所示。物料随网带（皮带、网链）一起向上运动，上升到顶部落入料槽送出。

网带式送料适合于扁平形的物品，特别是圆盘状，通过设计磁铁的磁性或挡条的厚度，可以对内凹圆盘形物料进行定向，如瓶盖、浅盒等。

视频 3-2 所示为食品加工中对鸡蛋输送过程。视频 3-3 所示为饮料瓶盖的自动提升输送过程，都是提升式料斗输送装置的具体应用。

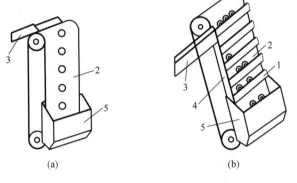

（a）　　　　　　（b）

1—挡条　2—皮带、网链　3—落料槽　4—侧挡板　5—料斗
图 3-27　网带提升式料斗供料装置
（a）磁铁式　（b）挡条式

（4）料斗和料仓的结构。料仓和料斗的主要功能是储存一定的物料，多数形状是上大下小，有的是圆锥形或四棱锥形，有的整体是圆柱形，加倒锥形底部。物料在储料器内可利用重力来运动，或增加机械动力驱使物料运动，由于出口较小，经常产生起拱现象，因此应设置消拱器。

视频 3-2　　　视频 3-3

料仓和料斗的具体结构要根据物品的形态、尺寸和加工要求来确定。常用形式有斗式、槽式和管式。

图 3-28 所示是常见斗式料仓物料起拱及消拱方法。物品在料斗中互相挤压而造成拱形架空，如图 3-28（a）所示，一般需在料斗中设置有消拱器（搅拌器）1。图 3-28（b）是在料口外增加一个激振装置，利用振动消除起拱。图 3-28（c）是用装在靠近料槽出口的搅拌器消拱，适用于表面比较光滑的物品。

对于表面比较粗糙、摩擦阻力较大的物品，拱形发生在料槽出口上部而形成大拱的，可采用图 3-28（d）搓板式或图 3-28（e）齿形轮式消拱器，其料槽出口较大，便于落料。当消拱器动作时，经常有几个物料同时接触消拱器，周围靠近的物品均发生运动，从而可以消除小拱和大拱。消拱器可设置成连续或间歇式工作，主要根据物料起拱的频率决定。

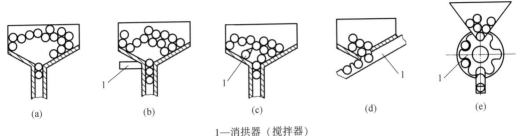

1—消拱器（搅拌器）

图 3-28　常见斗式料仓物料起拱及消拱方法

3.1.4　电磁振动供料装置

实际生产中，有大量物料形状不规则，如各种叉架类零件、螺钉、铆钉、啤酒瓶盖、玩具等，同样需要定量定向供送。通过长期实践，工程技术人员总结用振动力使物料运动，在运动中实现定向定量。振动源采用电磁铁，故称作电磁振动供料装置，或称电磁振动给料器，简称电振机。供料过程中，利用在托物板上安装挡板、开缺口等对工件进行定向。

电磁振动供料效率高，能量消耗小，工作可靠平稳，工件间相互擦碰力小，不易损伤物料表面。激振力可调，改换品种方便，供料速度易调节。广泛应用于小型工件的定向及送料，如螺钉定向输送、电池阳极帽输送、铅笔橡皮头装配时的输送等。

（1）电磁振动供料装置的组成和分类。如图 3-29 所示，电磁振动供料装置一般由料斗（料槽）、支承弹簧（板簧）、电磁铁、控制器、机架及减振器等组成。振动供料装置从结构上分圆盘料斗扭动式（圆盘式），如图 3-29（a）所示；以及直线料槽往复式（直槽式），如图 3-29（b）所示。视频 3-4 所示为圆盘式振动供料分选机。

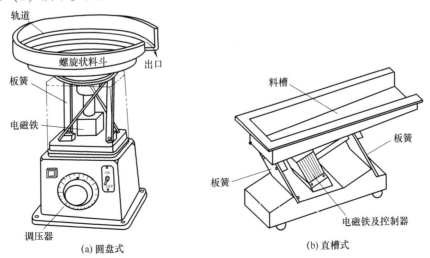

(a) 圆盘式　　　　　　　　(b) 直槽式

图 3-29　电磁振动供料装置的结构组成

直槽式料槽底板通常为平板状，用于不需要定向整理的粉粒状物料的给料，或用于对物料进行清洗、筛选、烘干、加热或冷却。需定向时，将槽底板做成特定形状便可实现。圆盘式一般作为需要定向整理的供料，多用于具有一定形状和尺寸的物料。

视频 3-4

另外，按激振方式区分，振动供料装置可分电磁激振式、机械激振式、气动激振式等。电磁激振式应用较广泛。在此主要介绍电磁振动供料装置。

（2）电磁振动供料装置的工作原理。图 3-30 所示为电磁振动供料装置工作原理图。料槽向上有一定倾角 α，称作料槽升角。激振力方向与料槽底面的夹角为 β。电磁铁通电时产生吸力，将料槽和工件向后下方拉，断电后在弹簧的作用下，料槽和工件一起向前上方运动，工件在惯性作用下向前上方运动并自由落下，落下时比起始位置向前移动了一定距离，控制器控制电磁交替吸放，如此反复便使料槽产生微小的振动，迫使工件向前运动。

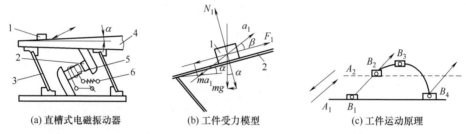

(a) 直槽式电磁振动器　　(b) 工件受力模型　　(c) 工件运动原理

1—工件　2—衔铁　3—弹簧　4—料槽　5—电磁铁　6—电源控制

图 3-30　电磁振动供料装置工作原理

工作时，工件在料槽上的运动过程比较复杂，它受到工件的质量、料槽的升角、弹簧片的斜角、振动频率和振幅等因素影响。每一种电磁振动供料装置都有可供料的质量范围，料槽的升角和弹簧片的斜角设计好后不再改变，当物料质量发生变化，或要改变供料速度时，可调节电源，改变振动频率和振幅。

圆盘式振动供料装置，可看成是将直槽式弯曲成螺旋而成。若截取其中很短一段料槽来看，工件可看作在斜面上的滑块。因此，圆盘式振动供料装置的工作原理与直槽式振动供料装置类似。

另外，储料槽和料斗的材料应隔磁，常用铝、铜、不锈钢或非金属材料制作。圆盘式振动器的料斗侧壁类似于大直径的内螺纹，料斗底部为上凸锥面，小型的侧壁与底部做成一体，较大直径的料斗做成两件组合体，如图 3-31 所示。

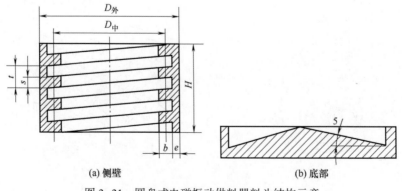

(a) 侧壁　　　　　　　(b) 底部

图 3-31　圆盘式电磁振动供料器料斗结构示意

3.2　物料的定向装置

3.2.1　定向作用与方法

物料在供送到加工位置时需按一定的姿态，即要有方向性，称为定向。如压盖机要求理盖器供出的瓶盖，在下盖通道中开口必须向前，以方便光照杀菌和检验。

供料装置用于输送具有方向性的这类物料时，需在输送道上设置一定的定向分选排列装置，以使物料能够按给定的方向排列输送。

将散乱的物料实现定向排列，通常有两种定向方法，即积极法定向和消极法定向。

3.2.2　积极法定向装置

积极法定向装置是使所有的物料在料槽通道上依次通行，方向正确的就可直接通过，方向不合规的，利用纠正法将其方向改变成正确的姿态后再通过。积极定向法是采取强制性措施，使原来不符合选定方向要求的工件改变为选定的基准方向。这种定向法结构较复杂，但生产效率高，常用于有特定结构形状的工件，在直槽式振动输送装置和圆盘料斗出料口之外的输料槽中都可使用，广泛使用了高速自动机。

图 3-32 所示为筒形工件积极法定向原理。对于底部较重（重心低）、长径比大的圆筒形工件，当工件接近轨道末端时，底在前的工件因重心低直接下落，底在后的工件直行的较多，到底部悬空时落下改变方向。工作时有底的一端与无底的一端质量差越大效果越好，同时下部通道应保持畅通。

图 3-33 所示为锥销形工件积极法定向原理。在定向箱的两侧设有定向突台，此突台只允许锥销的小端通过。当锥销工件从上面顺次落入定向箱时，就可使小端朝下的落入，大端朝下的被突台挡一下，发生掉头，小端落入。该法定向精度可达 100%，但要求工件依次进入定向箱，速度相对较慢，并且定向箱滑道应保持畅通。

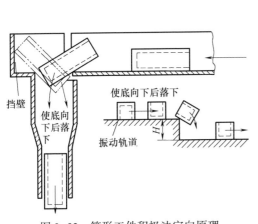

图 3-32　筒形工件积极法定向原理

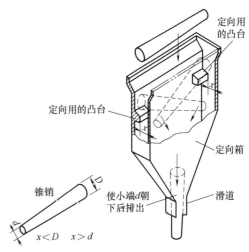

图 3-33　锥销形工件积极法定向原理

3.2.3 消极法定向装置

消极法定向装置是按选定的定向基准，让符合要求的物料能在输送道上保持稳定通过，并设置障碍，让不合规的无法通过，剔除所有不符合选定方向要求的物料，然后回流到料斗，这种方法比较简便，应用较广，但效率较低。

消极法也称剔除法，按其剔除不符合选定方向要求物料的结构形式，可分为斜面剔除法、缺口剔除法、挡板剔除法、拱桥剔除法等。

图 3-34 所示为杯状工件消极法定向原理，常用于在振动料斗内螺旋输送道上开槽，对杯状工件的分选定向。对于杯状工件，可在料斗轨道的一处开槽，形成 R 形突缘。当杯状工件的底部朝下时，可通过 R 形突缘；当工件的底部朝上时，其会在 R 形突缘处自动掉落。另外，在料斗侧壁上装有斜挡板，底部在侧面的自动滚落到料斗中。饮料瓶的螺纹旋盖、调味品瓶盖都是这类工件，使用效果好。

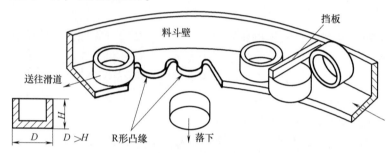

图 3-34 杯状工件的消极法定向原理

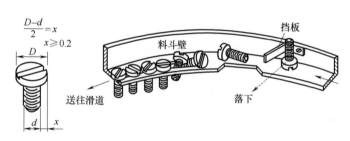

图 3-35 带头工件的消极法定向原理

图 3-35 所示为带头工件消极法定向原理，如螺钉、铆钉等这类带头工件，同样可在料斗轨道开槽，增设挡板，完成定向和排列。

图 3-36 所示为其他形状工件的消极法定向原理。

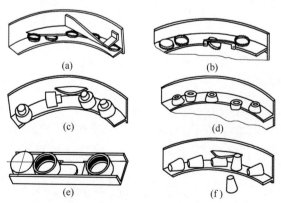

（a）、（b）皇冠盖的挡板、拱桥剔除　（c）、（f）凸块剔除　（d）轨道变窄剔除　（e）开槽剔除

图 3-36 消极法定向原理

3.3　定 量 装 置

在供送加工过程中，对物料包装量有严格要求，定量精确与否将直接影响包装质量。因此，定量是物料加工过程中非常重要的工序，有时在一条生产线会出现多次定量要求，这是由不同自动机的工作参数发生变化引起的。

定量也称计量。生产中定量方式主要有按数量、按容量、按质量等几种，分别称作计数定量法、容积定量法和称重定量法。

通常根据物料的基本特性，如物理性质、自然形态、包装规格及销售、使用习惯的不同，选用不同的定量方法。对于具有规则形体的物料，如个、包、块、根、箱、支状物料，常采用计数定量法。对于流动性好的液体、部分松散的颗粒或粉末状物料，一般采用容积定量法。对于无规则形体的固体、部分黏稠液体、粘结的颗粒和部分粉末状物料，常采用称重定量法。

选择物料定量装置的基本要求：首先要有较高的定量精度；其次是定量速度快，装置结构简单，并能根据定量要求进行适当调整或自动调节。

实践证明，计数法、容积法定量装置的结构比称重法定量装置的结构简单，定量速度也较快，造价也较低，但定量精度有一定误差。为了提高工作速度，绝大部分物料都采用计数定量法和容积定量法。

3.3.1　粉粒物料的定量装置

粉粒物料主要采用容积定量或称重定量法。

（1）粉粒物料的容积定量。对于密实物料，其质量与体积成正比，质量等于密度与体积之积。容积定量法是根据一定体积内的物料，其质量在理论上必为某个定量值这一原理而进行定量的方法。

只要定量容器的体积 V 和物料的散堆堆积密度 ρ 保持恒定，则物料的定量值 m 亦为定值。定量体积 V 对于调定的定量装置而言，已为定值，但物料的散堆堆积密度 ρ 一般会随着工况条件及物料的物理化学性质变化而变化。因此，定容定量法只适用于定量散堆堆积密度比较稳定的物料，如松散态粉、粒物料及流动性好的液态物料的定量。

按定量物料容腔的可调性，可将容积定量装置分为固定容积定量装置和可调容积定量装置。根据定量装置的结构特点，有量杯式、转鼓式、螺杆式及柱塞式定量装置。柱塞式定量要求粉粒物料流动性特别好，使用较少。

① 量杯式容积定量装置。采用有一定容积的计量杯装取物料，并将其移送到指定的位置。

计量杯由量杯筒体和活动底盖组成，量杯筒体通常为圆柱状空腔，活动底盖在计量过程中根据要求交替开关量杯底端，量杯的上端面与料斗相通，并设置有隔板和刮板。量杯在动力驱使下，位置可循环移动。计量时，物料靠自重落入量杯，刮板将量杯上多余的物料刮去，当量杯上口处到达隔板区域后，活动底盖打开，物料在自重作用下落入包装容器。

图 3-37 是转盘式固定量杯的定量装置。装置由转盘供料装置与量杯计量器组成，转盘与转轴一起回转，若干个量杯均匀分布在转盘圆周上，量杯转到无隔板处进料定量，转到有

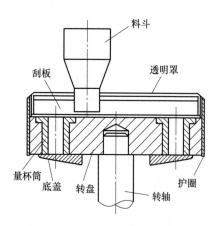

图 3-37　转盘式固定量杯的定量装置

隔板处下端盖打开，落料完成定量。

当物料的计量规格需要改变时，固定量杯已无法适用。图 3-38 所示为转盘式可调量杯定量装置。量杯由上量杯 4 和下量杯 5 组成，旋转的料盘 3 上均布若干个量杯，料盘在转动过程中，料斗 1 内的物料靠自重落入量杯内，并由刮板 2 刮去量杯上面多余的物料，当量杯转到卸料工位时，由开杯凸轮 10 打开量杯底部的底门 6，物料靠自重经落料口 7 充填到包装容器 8 内。旋转调节手轮 9 可通过凸轮使下量杯的连接支架升降，调节上下量杯的相对位置，从而实现容积调节。根据需求可在圆周上增设多个落料口，以提高生产效率。

② 转鼓式容积定量装置。图 3-39 所示为转鼓式容积定量装置。定量转鼓 1 的外缘有一定量的计量容腔，转鼓以一定转速回转。当计量容腔转到上位时，容腔与料斗相通，物料靠自重流入容腔内；当计量容腔转到下位时，容腔与落料口相通，物料靠自重流入包装容器。

计量容腔有固定容积型和可调容积型两种，适用于密度比较稳定的粉末状物料的充填。但由于落料口只有一个，充填速度较慢，效率较低。

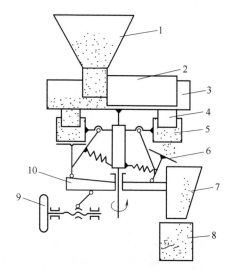

1—料斗　2—刮板　3—料盘　4—上量杯　5—下量杯　6—底门
7—落料口　8—包装容器　9—调节手轮　10—开杯凸轮
图 3-38　转盘式可调量杯定量装置

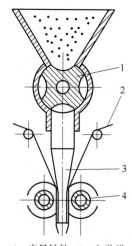

1—定量转鼓　2—包装膜
3—落料管　4—牵引滚轮
图 3-39　转鼓式容积定量装置

③ 螺杆式容积定量装置。螺杆上相邻螺纹间的螺槽具有一定的理论体积，螺杆定量装置就是利用螺槽的这一特性实现定量。只要精确控制螺杆转数，即可得到准确的定量。为了保证计量精度，螺杆必须精密加工，使螺槽的理论容积准确一致。螺杆一般竖直安装，便于物料充满螺槽，螺杆大径与导管之间的间隙应选择适当。

图 3-40 所示是螺杆式容积定量装置。螺杆定量工作时，根据要计量的值与一个螺槽的容积，计算好螺杆的工作圈数。控制螺杆旋转的圈数或转动时间量取物料，并将其充填到包装容器中。充填时，物料先在搅拌器作用下进入导管，再在螺杆旋转的作用下通过阀门充填

到包装容器内。螺杆可由定时器或计数器控制旋转圈数，从而控制充填容量。

螺杆定量具有速度快、飞扬小、精度高的特点，适用于流动性较好的粉末状、细颗粒状物料的定量作业，特别是在出料口容易起拱桥而不易落下的物料，如咖啡粉、面粉、药粉等；不适用于易碎的片状、块状物料和密度变化较大的物料。

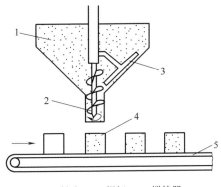

1—料斗 2—螺杆 3—搅拌器
4—包装容器 5—输送带
图 3-40 螺杆式容积定量装置

（2）粉粒物料的称重定量。称重定量是利用衡器、磅秤等称量装置，对物料称取其质量值而实现定量的方法。其称量精度主要取决于称量装置的精度，与物料的密度变化无关，故定量精度高，误差小于 0.1%，但其效率较低。称重定量法适用范围广，特别适用于易潮、易结块、粒度不均匀、流动性能差、视密度变化大及价值高的物料。

称重定量法通常分为净重定量法和毛重定量法两类。

① 净重定量法。先称出规定质量的物料，再将其运送到相关工位。称重结果不受容器自重变化的影响，称重精确，但定量速度低，设备价格高。

净重定量法广泛用于要求精度高、贵重且流动性好的固体物料，也用于酥脆易碎的物料，如膨化玉米、油炸土豆片等，特别适用于质量大且变化较大的包装容器。另外用于对柔性包装容器进行物料定量充填，避免因为柔性容器的夹持器影响称重精度。

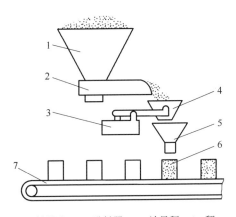

1—储料斗 2—进料器 3—计量秤 4—秤盘 5—落料斗 6—包装容器 7—输送带
图 3-41 净重定量充填装置

图 3-41 所示为净重定量充填装置。物料从储料斗 1 经进料器 2 连续不断地送到秤盘 4 上称重，当达到规定的质量时，就发出停止送料信号，称准的物料从秤盘上经落料斗 5 落入包装容器 6。

净重充填的计量装置一般采用机械秤或电子秤，用机械装置、光电管或限位开关来控制规定质量。

为了实现更高的定量精度，可采用分级进料的方法，先将大部分物料快速落入秤盘上，再用微量进料装置，将物料慢慢倒在秤盘上，直至达到规定的质量。也可以用计算机控制，对粗加料和细加料分别称重、记录、控制，做到差多少补多少。采用分级进料方法可提高充填速度，而且阀门关闭时，落下的物料量可达到极小，提高了计量精度。

目前计算机控制技术被应用到称重充填系统中，产品称重计量方法发生了巨大变化，计量精度也有了很大的提高。计算机组合净重称重系统采用多个称量斗，每个称量斗充填整个净重的一部分。微处理机分析每个斗的质量，同时选择出最接近目标质量的称量斗组合。由于产品全部被称量，消除了产品进给或产品特性变化而引起的波动，因此，计量非常准确，适用于包装尺寸和质量差异较大的物料，如快餐、蔬菜、贝类食品等的计量包装。

② 毛重定量法。物料与存放容器一起被称量，在计量物料净重时，规定了容器质量的允许误差，取容器质量的平均值。毛重计量装置结构简单，价格较低，计量速度比净重定量法快，但其精度低于净重定量法。

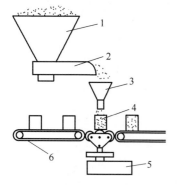

1—贮料斗　2—进料器　3—落料斗
4—包装容器　5—计量秤　6—输送带
图 3-42　毛重定量法充填装置

图 3-42 所示是毛重定量法充填装置。储料斗 1 中的物料经进料器 2 与落料斗 3 充填进包装容器 4 内，同时计量秤 5 开始称重，当达到规定质量时停止进料，称得的质量是毛重。为了提高充填速度和精度，可混合采用容积定量法和称重定量法，在粗进料时采用容积定量法以提高充填速度，细进料时采用称重定量法以提高充填精度。

毛重定量法适用于流动性好的固态物料、流动性差的黏性物料，如红糖、糕点粉的计量，特别适用于易碎的物料。由于容器质量的变化会影响计量精度，所以毛重定量法充填不适于包装容器质量变化较大，或物料质量占包装件质量比例很小的包装。

3.3.2　定形物料的定量装置

定形物料因具有一定形状，占用一定空间，通常采用计数定量法。计数定量法是将产品按预定数目送入下一道工序。适用于有规则形状的物料，在包装过程中按个数进行计量和包装，如一包香烟 20 支、一条香烟 10 包、一瓶药丸 100 粒等。因此，计数定量法在形状规则物料的包装中应用广泛，适于充填块状、片状、颗粒状、条状、棒状、针状等形状规则的物料，如饼干、糖果、胶囊、铅笔、香皂、纽扣、针等。也适用于包装件的二次包装，如装盒、装箱、裹包等。计数定量法分为单件计数定量和多件计数定量两种。

（1）单件计数定量。单件计数定量采用机械、光学、电感应、电子扫描，或其他辅助方法，逐件计算产品件数，其装置结构比较简单。例如，用光电计数器进行计数的充填装置，物品由传送带或滑槽输送，当物品经过光电计数器时，光电计数器的光线被遮断，表明有一件物品通过检测区，计数电路进行计数，并由数码管显示出来，同时物品被充填到包装容器中。当达到规定的数目时，发出控制信号，关闭闸门，完成一次计数充填包装。

（2）多件计数定量。多件计数定量是利用辅助物理量或计数板等，确定产品的件数。产品的规格、形状不同，计数的方法也不同。常将物品分为有规则排列物品和无规则排列物品两类。

① 有规则排列物品的计数充填。该法利用辅助物理量如长度、面积等进行比较，以确定物品件数，并将其充填到包装容器内。常用的有长度计数、容积计数、堆积计数等。一般用于形状规则，规格尺寸差异不大的块状、条状或成盒、成包物品的计量。

a. 长度计数。将物品叠起来，根据测得的长度或高度确定物品的件数，当物品达到规定的长度或高度时，由挡块、传感装置发出信号，将物品推入或使其落入工位。长度计数充填适用于有固定厚度的扁平产品，如饼干、糕点、垫圈的装盒或包装件的二次包装。

图 3-43 所示是按长度计数定量装置。排列有序的规则块状物品 1 经传送带 6 输送到计量机构，当前端的物品接触到挡板 3 上安装的触点开关 4 时，触点开关受压迫发出信号，指

令横向推板 5 动作，将挡板 2、3 间的物品投入包装容器，横向推板的长度就是规定数量物品的长度，所以，调节推板的长度就可以调整被充填物品的数量，通常推板长度略小于规定数量物品的叠合长度。

b. 容积计数。将物品整齐排列到计量箱中，当物品充满计量箱时，打开闸门将产品推入或使其落入包装容器内。计量箱的容积即为规定数量物品的体积，适用于等径等长的棒状物品及规则的颗粒状物品的包装，如等径等长的棒状小食品、香烟、火柴、粉笔、定位销等。

图 3-44 所示是按容积计数定量装置。物品整齐地置于料斗 1 内，振动器 2 使料斗振动，

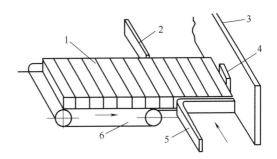

1—物品　2、3—挡板　4—触点开关　5—推板　6—传送带
图 3-43　按长度计数定量装置

以免起拱架桥，并促使物品顺利地下落而充满计量箱 4，当物品充满计量箱时，即达到了规定的计量数目，这时关闭闸门 3，隔断料斗与计量箱的通道，同时将计量箱底门 5 打开，物料落入包装容器。每件物品体积基本相同，所以计量箱容积确定的物品数目可达到大致相同。该装置结构简单，但计量精度低。一般适用于价格低廉、计量精度要求不高的物料。

② 无规则排列物品的计数。利用计数板从杂乱的物品中直接取出一定数目的物品，可以一次计量得到规定数量的物品，也可以多次计量得到规定数量的物品。适用于难以排列的颗粒状物品的计数。

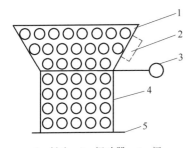

1—料斗　2—振动器　3—闸门　4—计量箱　5—底门
图 3-44　按容积计数定量装置

a. 转盘式计数。利用转盘上的计数板对物品进行计数，并将其充填到包装容器内。每次充填物品的数目由转盘在充填区域中计数板的孔数决定。适用于形状规则的颗粒物料，如药片、巧克力糖、钢珠、纽扣等。

图 3-45 所示为转盘式计数定量装置。物料装在由防护罩 3 和底板 2 组成的料斗中，计量盘 1 上有三组计量孔成 120° 分布。孔是通孔，孔径略大于物料，每组计量孔的数目与一次充填物料要求的数量相同，每个孔可容纳一颗物料，底板固定不动，在卸料区，底板上开有与一组计量孔面积相同的扇形开口，其下部是落料槽 4，整个给料装置是倾斜安装的。计量盘作连续回转，当计量盘转动时，料斗中的物料由于与转盘接触而被搅动，物料进入计量盘的一组计量孔内，每孔一个物料，其余物料被刮板挡住，装入计量孔中的物料随计量盘一起转动。当该组物料到达卸料区域时，由于底板上开有扇形开口，物料失去依托，在重力作用下从底板上的扇形开口经落料槽进入包装

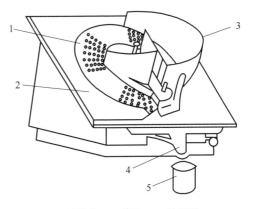

1—计量盘　2—底板　3—防护罩　4—落料槽　5—包装容器
图 3-45　转盘式计数定量装置

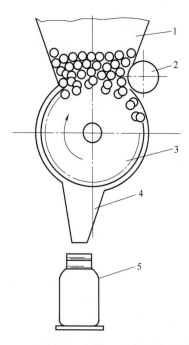

1—料斗　2—拨轮　3—计数转鼓
4—落料槽　5—包装容器
图3-46　转鼓式计数定量装置

容器5中。当物料尺寸变化或每次充填数量改变时，可以更换相应尺寸和形状的计量盘。

b. 转鼓式计数。利用转鼓上的计数板对物品进行计数，并将其充填到包装容器中。其计数原理与转盘基本相同，只是计数板均布在转鼓上，适用于直径比较小的颗粒物品的计数充填包装，如糖豆、钢球、纽扣等。

图3-46所示为转鼓式计数定量装置。在计数转鼓3圆柱表面均匀分布有数组计量孔，其孔为盲孔，转鼓做连续回转运动，当转鼓转到计量孔与料斗1相通时，物料依靠搅动和自重进入计量孔中。当该组计量孔带着定量的物料随转鼓转到出料口时，物料靠自重经落料槽4落入包装容器5内。

3.3.3　液态物料的定量装置

液态物料可压缩性小，密度稳定，流动性好。根据其特点，对于液态物料的计量主要是按一定的压力差让其流动，在流动过程中按容积定量法计量。对于少数有一定黏度、流动性差的液体可采用称重定量法计量。

容积定量法分为定量杯定量、等液位定量和柱塞泵定量。称量时主要采用自控流量阀与电子秤组合工作，行业内惯称为电子阀。电子阀在流动性较好的液体无菌或高速灌装中也广泛使用，密封性好，精度高，效率高。

液体计量后会被灌注到一定的容器中，一般将计量和灌注设计成一体，通常称作灌装阀（或灌装头）。下面介绍几种常用液体计量方法和适用物料。

（1）定量杯定量法。定量杯定量法是设计一定容积量的量杯，杯中可增加微调容积装置。先让液体流入量杯中进行容积定量，然后再将它灌入包装容器中。这种方法定量比较准确，但计量速度慢，适用于流动性好的液态物料。

图3-47所示为可移动式量杯定量装置工作原理。自然状态下，定量杯1的上缘在弹簧7作

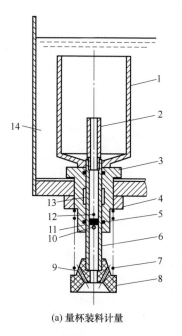
（a）量杯装料计量

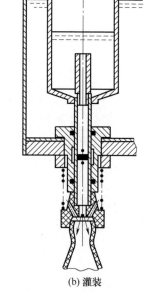
（b）灌装

1—定量杯　2—调节管　3—阀座　4—紧固螺母　5—密封圈　6—进液管　7—弹簧　8—灌装头　9—透气孔
10—下孔　11—隔板　12—上孔　13—中间槽　14—储液缸
图3-47　可移动式量杯定量装置工作原理

用下处于储液缸 14 的液面之下，充满液料。包装瓶上升将灌装头 8 和与其固连的进液管 6、定量杯 1 一起向上抬，使定量杯上缘超出储液缸液面。此时，进液管 6 内的隔板 11 及两边下孔 10、上孔 12 恰好位于阀座 3 的中间槽 13 之间而连通，上下通道打开。定量杯中液体由调节管 2 流入瓶子。瓶子中的空气由灌装头 8 上的透气孔 9 逸出。当定量杯中液料的液面降至调节管 2 的上缘时，便完成一次定量灌装。改变调节管 2 在定量杯 1 中的相对高度即可调节每次灌装定量值。瓶子下降并移位后，定量杯下降并重复上述工作。

（2）等液位定量法。等液位是指计量灌装后包装容器中液面高度平齐，如果容器形状统一，装入容器内的液体量就是等量，装入量由容器的容积决定，因此，等液位定量也称容器自身定量法。计量灌装时，灌装阀与容器形成局部密封，通过进液与排气压力平衡，直接对待装容器中液面高度进行控制而实现定量。这种定量方法简便，适合流动性好的液体，但定量精度受瓶子几何尺寸精度的影响较大。

图 3-48 所示为等液位定量灌装原理。图 3-48（a）所示灌装前状态，灌装头 7 与滑套 6 下端口呈密闭状态，滑套内腔液料被封死。图 3-48（b）所示为灌装状态，有瓶子升起将滑套 6 抬起，灌装头 7 与滑套 6 下端口之间形成液流口，液料灌注入瓶，待装瓶子内的空气经排气管 1 排至储液缸 9 的上面。当液面高度到达排气管 1 的管口 A—A 截面时，如图 3-48（c）所示，瓶内空气因无处排放而被继续流入的液料压缩。当瓶内液面以上的空气受到的压力与排气管 1 管口内截面上液料的静压力达到平衡时，瓶内液面不再升高，液料沿排气管 1 一直上升至与储液缸 9 内液面等高为止，已装液料的瓶子下降后，在压缩弹簧 4 的作用下，灌装头 7 与滑套 6 重新封闭。当已装入液料瓶子的瓶口与定中密封胶垫 5 脱离接触后，排气管内的液料随即流入瓶内，使瓶内液面升到定量高度值位置，即完成一次定量灌装作业。若要改变定量值，可通过旋转调节螺母 8 使排气管 1 插入待装瓶内的相对高度位置而实现。

视频 3-5 所示为回转式饮料灌装封口机，采用等液位定量灌装原理。

在实际应用中，等液位定量灌装方法可实现常压灌装、负压灌装、等压灌装、中低温灌装等以适应不同液体物料的特性。

视频 3-5

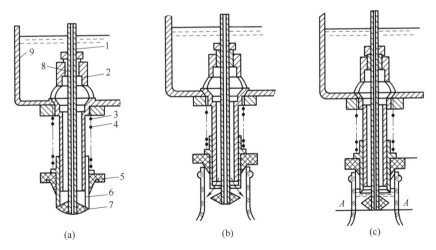

1—排气管　2—阀座支架　3—紧固螺母　4—压缩弹簧　5—定中密封胶垫
6—滑套　7—灌装头　8—调节螺母　9—储液缸
图 3-48　等液位定量灌装原理

（3）柱塞泵定量法　部分液态物料有一定的黏度，其流动性相对较差。在定量灌装这类物料时，要求增加其流动性，常用的方法是给料液施加推力或吸力，在推送或吸入过程中设定一定的容积腔对其计量。

柱塞泵活塞筒直径不变，工作时改变柱塞行程，便可实现容积定量，同时又给料液施加了推力或吸力，因而称其为柱塞泵定量法。

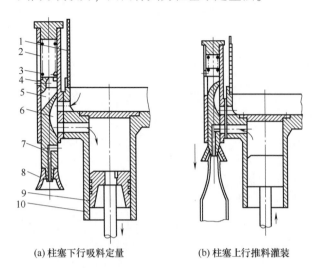

(a) 柱塞下行吸料定量　　(b) 柱塞上行推料灌装

1—储液缸　2—滑阀座　3—弹簧　4—导向销钉　5—换向滑阀
6—弧形通道　7—下料孔　8—灌装头　9—柱塞　10—活塞缸
图 3-49　柱塞泵定量灌装装置原理

图 3-49 所示为柱塞泵定量灌装装置原理，工作过程为吸料定量和推料灌装。吸料定量过程，柱塞 9 下行，活塞缸 10 内形成一定的真空度，此时，弧形通道 6 把储液缸 1 和活塞缸 10 接通，储液缸 1 中物料在大气压及自重作用下被吸压入活塞缸 10 内。推料灌装过程，待装容器随升降机构上升，紧顶灌装头 8，且使下料孔 7 与活塞缸 10 接通，活塞缸内腔与储液缸 1 断开，此时，活塞上行，将物料沿下料孔 7 压入待装容器。调节柱塞行程即可调节定量值。

这种定量法适用于黏度大、流动性差的液体或黏稠体，如油料、果汁、酸奶、膏状用品等。也可用于黏度小、流动性好，但待装容器口颈的通流面积很小的液体物料灌装，如针剂注射液、喷雾罐灌装等。

3.4　传　送　装　置

在自动生产线或多工位自动机中，工件要按工艺流程经过各个工序，需要传送装置将工件运送到工作位置。传送装置的功能是将工件按生产工艺的要求从一个工位传送到另一个工位，或在传送过程中对工件进行必要的工艺操作，同时传送装置在生产线可起到一定储存缓冲功能。

从原料输入到成品输出，物料的形状、性能在发生变化，传送过程有时是连续的，有时是间断的，有时按直线运动，有时按曲线运动，有计量和不计量要求，有定位定向或随意等要求，因此传送装置类型较多。常用的传送方式有机械传送和风力传送。传送装置有带传送、链条传送等。

视频 3-6 为组件物料玉米的输送包装，视频 3-7 为物料的分流合流输送包装，视频 3-8 为饮用水包装生产线的封箱与输送。

视频 3-6　　　　　　　　视频 3-7　　　　　　　　视频 3-8

下面介绍几种常用传送装置和物料在传送中的分流、合流与转向装置。

3.4.1　常用的传送装置

（1）带传送装置。带传送装置通常由主、从动带轮，各种柔性带如宽平带或网带，张紧机构和支架组成。工作时，利用物料与带的摩擦力实现批量连续输送。主动带轮由动力源驱动，可实现连续或间断传送，带传送的量主要由带的宽度和运动线的速度决定。传送带的材料通常是橡胶平皮带与合成材料制成的网带。带传送装置通常实现水平或小倾角传送物料。

图 3-50 所示是带式传送装置，用于具有一定质量的单件物料的宽平带传送，由主动辊轮 1、传送带 2、从动转向辊轮 3、张紧辊 4、承托辊 5 和机架组成。传送带 2 绕在传送辊上，由主动辊轮驱动，物料从传送带的右端进入，按照设定的速度向左运送，在传送带的左端设置接收装置。

带传送中物料是松散的，位置和姿态是不确定的，生产中可在带上加上挡边挡条，

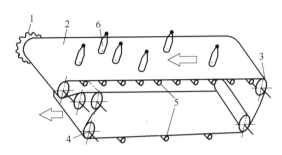

1—主动辊轮　2—传送带　3—从动转向辊轮
4—张紧辊　5—承托辊　6—瓶子

图 3-50　带式传送装置

实现特定要求。图 3-51 所示是在皮带上装上隔板定位隔料，主动轴间歇转动，以实现给机床供料。

（2）链传送装置。该装置利用链条运动传送物料，有标准滚子链、特殊链、平顶链、悬挂链等，链材料有金属和非金属。根据驱动力是连续或间歇运动，链传动可实现连续或间歇工作。链传送的动力较大，得到广泛应用。

图 3-52 所示是直接承托式链传送装置，也称滑轨式链条输送机。这类输送机一般是两条链条平行使用，被输送物料直接与链条接触。

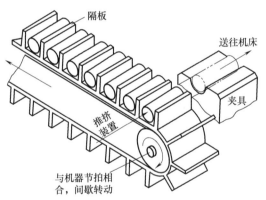

图 3-51　间歇式带式传送供料装置

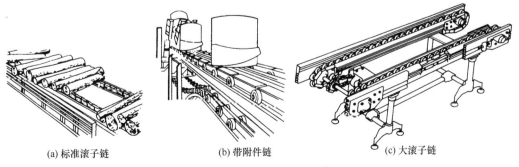

(a) 标准滚子链　　(b) 带附件链　　(c) 大滚子链

图 3-52　直接承托式链传送装置

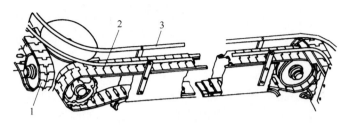

1—第一段传送链 2—第二段传送链 3—导向栏杆
图 3-53 平顶链传送装置

图 3-53 所示是平顶链传送装置。利用链板与物料的摩擦力来传送，增加传送宽度时可利用宽链板链，或多排链。该装置广泛用于啤酒、饮料、化妆品等包装生产线，以及机场邮包的包裹输送线。

链传送装置工作时物料与链板的位置不固定，运动速度不同。若要同步运动，可在链条上安装附件以便安放物料，附件的形状取决于要传送的物料。图 3-54 所示是装有附件的滚子链传送装置，可以放置圆柱形物料，如瓶子、管子等。

（3）机械传送装置。物料在传送时根据加工需要，有时需要定距、定向，带和链传送装置不易实现定距、定向时，可以给带或链传送装置上安装相关机构以达到要求。使用较多的是利用星轮和螺杆，星轮或螺杆上有动力，与带链传送配合实现定距、定向。

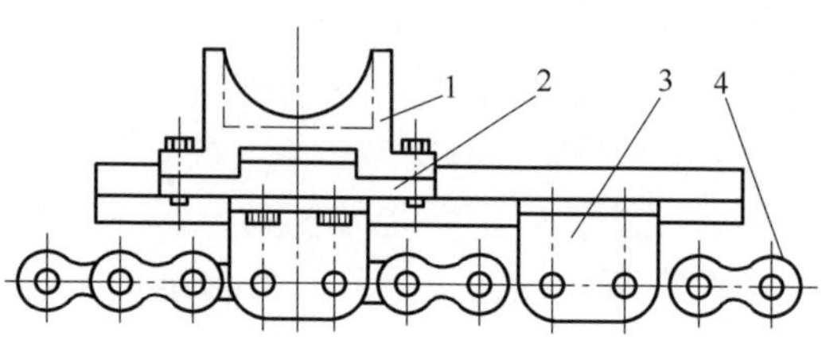

图 3-55 所示是变距螺杆调整物料间距传送装置。利用变距螺杆与平板链传送组

1—托板 2—底板 3—特制附件 4—传动链
图 3-54 装有附件的滚子链传送装置

合，实现对类似圆形物料的间隔调整，如对普通啤酒瓶的输送。螺杆进入端的螺距尺寸为被传送物料的直径，随着螺距依次增大，最后一个螺距为工作要求间距。

图 3-56 所示是利用等距螺杆在传送滑道中实现供料隔离的螺旋隔离装置工作原理。

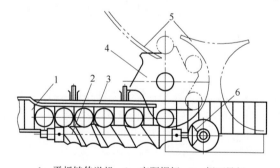

1—平板链传送机 2—变距螺杆 3—侧面导板
4—星形拨轮 5—导板 6—锥齿轮组
图 3-55 变距螺杆调整物料间距传送装置

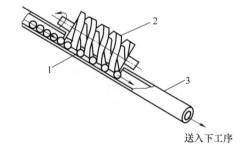

送入下工序

1—球形零件 2—供送螺杆 3—滑道
图 3-56 等距螺杆实现供料隔离

图 3-57 所示是星轮传送示意。该装置利用星轮实现容器在传送中的间距始终保持一致，容器的进出由传送带传送。该装置在灌装机、封盖机和回转式贴标机中广泛应用。

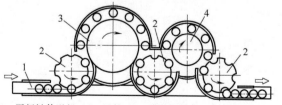

1—平板链传送机 2—星轮 3—灌装机转盘 4—封盖机转盘
图 3-57 星轮传送示意

3.4.2　分流合流及转向装置

根据不同的自动生产线运行情况，有时需要把一个供料机构中的物料供送到几个工位或几台自动机上，这就需要分配供料装置，称为分流器。有时则需要把几个供料装置中的物料送到一个工位或一台自动机上，这需要汇总供料装置，称为合流器。此外，物料在传送中也会经常要求转向，需设置转向装置。

（1）分流器。将来自同一料仓或料斗中的工件，按照工艺要求分别送到不同的加工工位，或将一条传送线的物料分成两条或多条。图 3-58 所示，为滑块式分流器，利用滑块移动将工件分配到两个通道，滑块在两个位置要停留一定时间，保证工件顺利分流。

根据工件形状的不同，可采用不同形式的分流装置，图 3-59 是两种形式的挡板式分流装置，可在工作中参照使用。

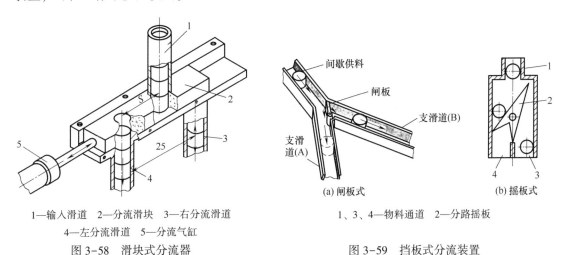

1—输入滑道　2—分流滑块　3—右分流滑道
4—左分流滑道　5—分流气缸

图 3-58　滑块式分流器

1、3、4—物料通道　2—分路摇板

图 3-59　挡板式分流装置

（2）合流器。合流器是将两个或两个以上通道的物料按标准混合到一起的装置。图 3-60 所示是两种合流装置工作原理。图 3-60（a）利用两只梭子相互配合，保证工件合流时不挤塞。图 3-60（b）利用转动的锥盘将工件汇合，转速可调，以达到最佳合流效果。

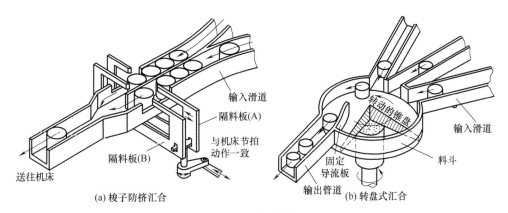

图 3-60　合流装置

（3）转向装置。根据工艺路线与设备布局的要求，需改变输送中物件的运动方向或姿态，如转弯、转角、拐角平移、转向、翻身、调头等单独动作或组合动作时，需要设置相应的变向供给装置。图 3-61 所示是几种转向装置。

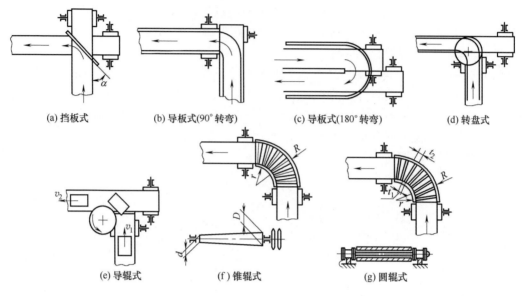

（a）挡板式　　　　（b）导板式（90°转弯）　　　（c）导板式（180°转弯）　　　（d）转盘式

（e）导辊式　　　　　　　（f）锥辊式　　　　　　　（g）圆辊式

图 3-61　几种转向装置

思考及综合分析题

1. 卷料供料装置由哪些元件组成？各起什么作用？
2. 卷料校直机构有哪几种类型？试述它们的特点、应用场合及工作原理。
3. 常见卷料送料机构有哪几种类型？试述它们的特点及工作原理。
4. 分别论述摩擦滚轮牵引式、推送式、真空吸取式供料装置的工作原理。
5. 料仓式供料装置与料斗式供料装置有何区别？
6. 送料器有哪些类型？试述它们的特点及工作原理。
7. 试述电磁振动供料装置的分类、组成及工作原理。
8. 物品的定向分选装置一般利用什么原理进行工作？有哪些定向方法？各种定向方法的工艺范围如何？
9. 常用的物品计量方法有哪些？试述各种计量方法的计量原理、工艺范围及计量精度的影响因素。
10. 颗粒物料定容定量装置有哪些结构形式？各有何特点？试分别叙述其计量工作原理。
11. 常用的计数装置有哪些？试分别叙述其工作原理。
12. 称重定量装置分为哪两大类？
13. 按控制液体物料容积方式的不同，可将液体容积计量装置分为哪些形式？试分别叙述其定量原理。

14. 某扇形转鼓定量装置有四个扇形腔, 腔的扇形半径 $R_1 = R_2 = 85mm$, 扇形所对中心角为 55°, 物料堆积密度为 $1.2g/cm^3$。若要求一个腔能送料 200g, 问转鼓轴向长应为多少厘米? 又若转鼓转速为 3r/min, 问每小时本装置能包装多少千克物料?

15. 测量一饮料瓶的盖子尺寸, 设计一供送器, 要求能从料斗中口朝上的一个一个送出来。试根据教材中的图例设计几个方案, 并绘出 3D 工作图。

第4章　机械手结构与机器人应用

　　智能化机器替代人工是现代文明生产的重要标志，机械手及机器人的发明和使用是智能化进程的重要组成部分。通过信号技术控制机械手和机器人，能进一步提升和完善自动机械和生产线自动化程度，实现生产的稳定性、准确性、快速性和连续性，可以减轻劳动强度，实现安全生产，保证产品质量。机械手及机器人的应用对于提高产品的可靠性和竞争性来说意义重大。本章简要介绍机械手和机器人的结构组成、分类和应用等。

4.1　机械手及其结构

　　机械手是可以模仿人手的部分动作，按给定程序、轨迹和要求实现自动抓取、搬运工件或操作工具工作的自动机械装置。工业生产中应用的机械手称作工业机械手。工业机械手主要用于高频率、重复性的生产中，也在环境状况比较恶劣的生产条件下使用，如高温、高压、低温、低压、潮湿、粉尘、易爆、有毒气体和放射性等场合。

　　视频 4-1 为机械手抓瓶码垛机，视频 4-2 为包装机机械手开袋装置，视频 4-3 为机器人在工作中。

视频 4-1　　　　　　　　　视频 4-2　　　　　　　　　视频 4-3

4.1.1　机械手的组成和分类

　　（1）机械手的组成。图 4-1 所示是常见机械手的外形和组成。机械手的组成结构与人的手臂相似，由手爪、手腕、手臂、机身和控制单元组成。机械手一般有 4 个功能部分，分别是机械系统、传感系统、驱动系统和控制系统。

　　机械系统包括传动机构和由连杆集合形成的开环或闭环运动链两

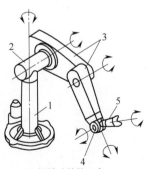

(a) 机械手外形　　　　　　(b) 机械手结构示意

1、2—机身及控制　3—手臂　4—手腕　5—手爪

图 4-1　机械手的外形和组成

部分。连杆类似于人类的大臂、小臂等，关节（机械中称运动副）通常为移动关节和转动关节。移动关节允许连杆做直线移动，转动关节允许构件之间产生旋转运动。由关节与连杆所构成的机械结构一般有 3 个主要部件，臂、腕和手，它们可根据要求在相应的方向运动，手部在运动时完成一定的工作就是机械手在"做工"。

（2）机械手的分类。通常，机械手按其使用范围、驱动方式、控制方式、坐标系特点（执行自由度）等进行分类。

① 按使用范围，分为专用机械手和通用机械手。

a. 专用机械手：为完成某项工作而特定研制的，它具有工作对象专一、动作程序固定、结构简单、维修方便等特点，多用于自动生产线上，在机械制造、轻工、电子行业得到广泛应用。

b. 通用机械手：具有活动范围大、动作程序可根据需要随时改变、能适应多种场合的特点，在工业制造和柔性化生产线中应用普遍。

② 按驱动方式分类，有机械驱动、液压驱动、气动驱动、电力驱动，以及混合驱动式。

a. 机械驱动：由各种机械传动机构驱动执行构件运动的机械手。特点是运动准确可靠、动作频率高，但结构尺寸较大，动作方式固定不可变，一般用作自动机的上料或卸料装置。

b. 液压驱动：以高压液体在液压元件中产生动力来驱动执行机构运动的机械手，抓重能力强，结构小巧轻便，传动平稳，动作灵便，可无级调速，进行连续轨迹控制。但因油的泄漏对工作性能影响较大，故液压驱动机械手对密封装置要求严格，且不宜在高温或低温下工作。

c. 气动驱动：利用压缩空气的压力来驱动执行机构运动的机械手。其主要特点是介质来源方便，气动动作迅速，结构简单，成本低，能在高温、高速和粉尘大的环境中工作。由于空气具有可压缩的特性，气动驱动机械手工作速度的稳定性较差，且因气源压力低，只适宜轻载下工作。

d. 电力驱动：由各种可控电动机，如步进电动机、伺服电动机、直线电动机等动力直接驱动执行机构运动的机械手。因不需中间转换机构，故结构简单，其中直线电动机机械手的运动速度快，行程长，使用和维护方便。

各种驱动方式有各自的特点，机械手研发设计正朝向"混合动力一体化"的方向发展。

③ 按控制方式分类，有操纵、非伺服控制和伺服控制 3 种。

a. 操纵机械手：动作由人直接或间接进行操作，相当于将人手加长了，多用于原子能工业、海洋开发、医学医疗等领域。

b. 非伺服控制机械手：工作能力有限，机械手按照预先编好的程序顺序进行工作，使用限位开关、制动器、插销板和定序器来控制机械手的运动。

c. 伺服控制机械手：通过传感器取得的反馈信号与来自给定装置的综合信号，用比较器加以比较后，得到误差信号，经过放大后用以激发机器人的驱动装置，进而带动末端执行器以一定规律运动，到达规定的位置或速度等，这是一个反馈控制系统。多种信号采用电子计算机进行分析控制，以实现多程序连续控制，多用于机器人上。

④ 按坐标系特点（执行自由度）分类。机械手的自由度数通常为 3 个及以上，执行动作越复杂，需要的自由度数就越多，机械手结构组成就越复杂。

（3）机械手的自由度。自由度反映构件的运动情况，一个独立构件在空间有 6 个自由度，分为转动和直动。机械手中构件与构件以开放或闭合的方式组成各种运动副，形成多个自由度。

　　机械手是代替人手操作的装置，通常与人手的结构对比分析其自由度。根据人体生理研究，人的上肢由手指、手掌、手腕、手臂组成，共有 17 个关节、19 个可动杆件（骨头），具有 27 个自由度，组成了人手的 7 个基本动作，即手臂上下动作（靠摆动实现），手臂左右回转，手臂伸缩动作，手腕上下摆动，手腕左右摆动，手腕回转，手掌、手指动作合成的握紧和张开动作。

　　人手的自由度集中在手掌部分，有 22 个自由度。手主要是抓取物体，同时可改变物体姿态，若机械手也模仿手来构造将十分复杂，也没必要。在研发机械手时，要实现抓取、移动、变姿态 3 个基本要求。手臂和机身实现移动，手腕改变姿态，手指抓取。抓取是手的基本功能要求，因此，约定手爪的动作不计入机械手自由度，机械手的自由度是指手臂、机身和手腕的运动自由度。

　　表 4-1 所列是常用机械手运动自由度的几种形式。机械手的自由度主要由手臂、机身（立柱）、手腕表现出来，而手爪结构重在满足抓放工件或工具的需要。

表 4-1　　　　　　　　　　　　常用机械手运动自由度的几种形式

运动形式		运动特点	示意图
手臂的运动	直角坐标形式	手臂不做回转运动,可沿着直角坐标系 x、y、z 三个方向移动。其结构简单,动作直观,末端定位精度高,使用维修方便。但占用空间大,多用于平行搬运工件等动作场合	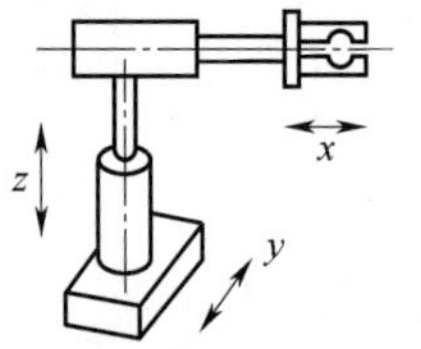
	圆柱坐标形式	手臂可绕轴 z 做回转运动 C,还有两个在正交方向上的直线伸缩运动(x 轴和 z 轴)。其结构简单,动作直观,活动范围大,占用空间小,适用于液压和气压驱动的机构。因受到 z 轴位置的限制,不适合抓取位置较低的工件	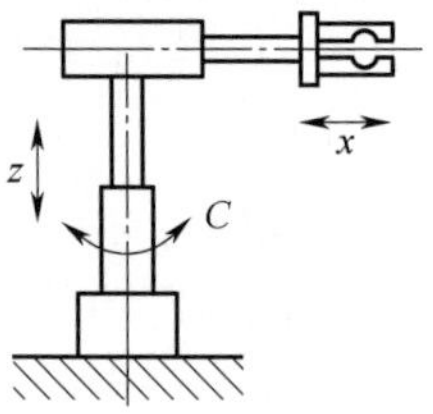
	球坐标形式	手臂有一个绕基座轴的回转运动 C,一个绕轴点 O 的摆动动作 B,还可沿 x 轴做伸缩运动。其结构较复杂,动作范围大,占用空间小,可抓取位置较低的工件,应用广泛	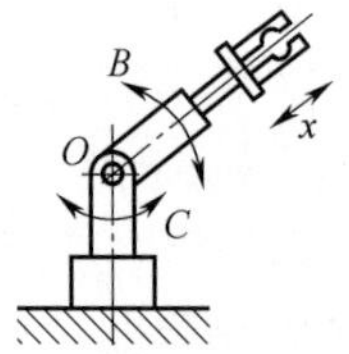
	多种关节形式	手臂构造接近人的手臂结构,由多个回转的关节组成,可完成复杂的操作。图中有三个回转运动,一个绕基座轴的回转运动 C,两个绕轴 O_1 和 O_2 的摆动动作 B_1 和 B_2。多数机器人使用这种结构形式	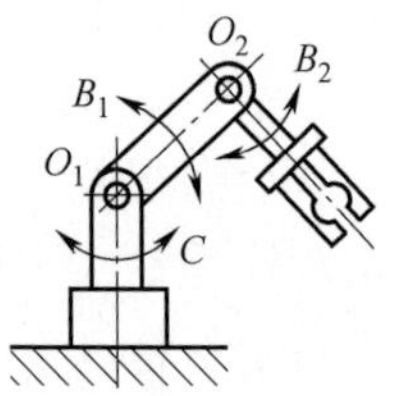
手腕的运动		简单的机械手只做绕 x 轴的回转运动。复杂机械手的手腕有 3 个自由度,绕 x 轴的回转运动,绕 y 轴的俯仰运动,绕 z 轴的左右摆动	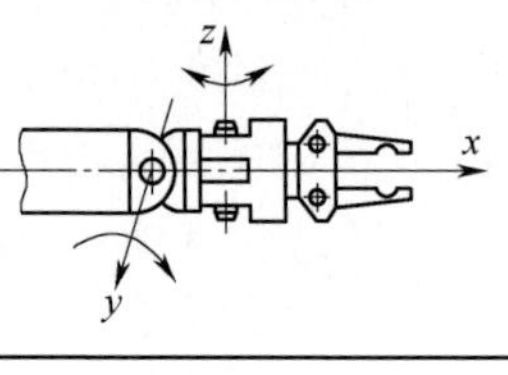

4.1.2 机械手的手腕与手臂

（1）手腕的运动。手腕是连接手部和手臂的部件，相对于手臂发生转动，它的作用是调整或改变工件的方位（即姿态），因而它具有独立的自由度，以使机械手适应复杂的动作要求。

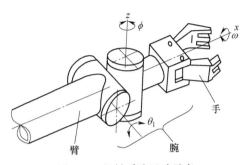

图 4-2 所示的手腕部分，其运动有绕 x 轴的转动（回转运动），有绕 y 轴的转动（俯仰移动），绕 z 轴的转动（左右摆动），手腕最多具有 3 个独立运动，即 3 个自由度，实际应用中并不需要这么多。

图 4-2 机械手腕运动示意

（2）手臂的结构。手臂是机械手的主要执行部件，它的作用是支承腕部和手部，并带动它们在空间内运动。机械手的臂部主要包括臂杆，以及与伸缩、屈伸或自转等有关的构件，如传动机构、驱动装置、导向定位装置、支承连接和位置检测元件等。此外，还有与腕部或手臂的运动和连接支承等有关的构件、配管配线等。

根据臂部的运动和布局、驱动方式、传动和导向装置的不同，臂部结构有直线伸缩型臂部结构、转动伸缩或摆动型臂部结构、以及组合型臂部结构，以及其他专用的机械传动臂部结构。

① 直线（伸缩、升降）式结构。实现手臂直线（伸缩、升降）往复运动，其驱动源可以是液压或气压，还可以用齿轮、齿条或螺旋机构来实现。

② 转动伸缩或摆动式结构。回转摆动式结构有回转液压缸式和齿条直线缸式两种。

图 4-3 为回转液压缸式手臂结构。当压力油从 a、b 进油口往复进出时，在压力作用下，动片 2 带动缸轴 1 摆动。手臂与缸轴 2 连接在一起，动片和缸壳内腔的密封由 L 形密封件完成，用螺钉将 L 形密封件固定在动片上，这样在压力油作用下，密封件会紧贴在缸壳内腔壁上，起到良好的密封作用。

图 4-4 所示为齿条直线缸式回转手臂结构。在液压缸 1 腔内的压力作用下，齿条 3 做往复运动，带动齿轮 2 做回转摆动，与该齿轮相连的手臂就可做回转摆动。回转摆动角度的大小可以通过调整螺钉 4 进行调整。

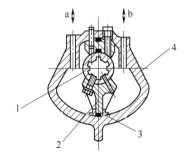

1—缸轴 2—动片 3—密封装置 4—缸体

图 4-3 回转液压缸式手臂结构

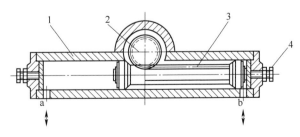

1—液压缸 2—回转齿轮 3—齿条 4—调整螺钉

图 4-4 齿条直线缸式回转手臂结构

（3）立柱。机械手立柱多采用回转型、俯仰型或屈伸型运动形式。一般臂部都可在水平面内回转，具有占地面积小但工作范围大的特点。立柱可固定安装在空地上，也可以固定在床身上。立柱式结构简单，服务于某种主机，承担上、下料或转运等工作。

4.1.3　手爪的类型与结构

（1）手爪的类型。工业机械手的手爪是用来握持工件或工具的部件。由于被握持工件的形状、尺寸、质量、材质及表面状态不同，手部结构是多种多样的。大部分手部结构都是根据特定的工件要求而专门设计的。各种手部的工作原理不同，故其结构形态各异。

常用的手爪按其握持原理可以分为手指式内外夹持类和吸盘式吸附类两种，特殊要求时可用托持式或根据具体外形、重心位置设计。表4-2列举了手爪的类型及应用。

表4-2　　　　　　　　　　　　　　　　　手爪的类型及应用

类别		示意图	应用
手指式	两指式	外抓式　　内抓式	适用于多种机械加工零部件的搬运，大型机械手可抓取400kg的机械零部件,如铝锭等
	多指式	外抓式　　内抓式	用于盘类、环形类及结构复杂的零部件抓取搬运
吸盘式	负压吸盘式	工件　　橡胶吸盘	用于表面光滑的板材、曲线形状的壳体类零部件抓取搬运,如玻璃、抛光砖等
	电磁吸盘式	工件　　电磁吸盘	用于铁磁材料的板材、盘形零部件的抓取搬运
托持式		工件	具有特殊形状或有特殊要求的零部件的抓取搬运

（2）手爪的典型结构。手爪的典型结构主要有驱动手指开合抓取的夹持类和吸附类。

① 夹持类。手爪除常用的夹钳式外，还有钩托式和弹簧式。按其手指夹持工件时的运动方式不同，又可分为手指回转型和指面平移型。图4-5所示为夹持类手爪部的基本结构。

图 4-6 所示为斜楔杠杆式手爪部的结构。斜楔驱动杆 2 向下运动，克服拉簧 5 的拉力，使杠杆手指 7 装着滚子 3 的一端向外撑开，从而夹紧工件 8。斜楔向上移动，在弹簧拉力的作用下使手指 7 松开。手指与斜楔通过滚子接触可以减少摩擦力，提高机械效率。为了简化结构，也可让手指与斜楔直接接触。

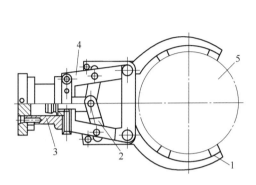

1—手指　2—传动机构　3—驱动
装置　4—支架　5—工件

图 4-5　夹持类手爪部的基本结构

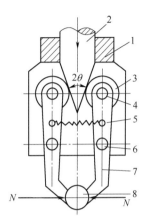

1—壳体　2—斜楔驱动杆　3—滚子　4—圆柱
销　5—拉簧　6—铰销　7—手指　8—工件

图 4-6　斜楔杠杆式手爪部的结构

图 4-7 所示为滑槽杠杆式手部的结构。杠杆形手指 4 的一端装有 "V" 形指 5，另一端则开有长滑槽。驱动杆 1 上的圆柱销 2 套在滑槽内，当驱动杆同圆柱销一起做往复运动时，即可拨动两个手指各绕其支点（铰销 3）做相对回转运动，从而实现手指 4 对工件 6 的夹紧与松开动作。滑槽杠杆式传动机构的定心精度与滑槽的制造精度有关。因活动环节较多，配合间隙的影响不可忽视。此机构依靠驱动力锁紧，机构本身无自锁性能。

图 4-8 所示为扇形齿轮-齿条驱动型手爪结构。当滑柱齿条 1 上下移动时，齿条带动扇形齿轮 3 来回摆动，固装在扇形齿轮 3 上的手爪 5 随之张开、合拢，完成对工件 6 的夹紧及松开动作。在两手爪间设有弹簧 4，其作用主要是为了齿轮和齿条运动时更加平稳，且在手

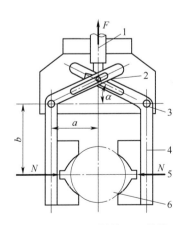

1—驱动杆　2—圆柱销　3—铰销
4—手指　5—"V" 形指　6—工件

图 4-7　滑槽杠杆式手部的结构

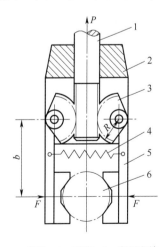

1—齿条　2—手腕　3—扇形齿轮
4—弹簧　5—手爪　6—工件

图 4-8　扇形齿轮-齿条驱动型手爪结构

指的张、合时也不易发生抖动。这种机械手手爪结构简单、调整方便、手爪活动范围更大，应用较广泛。

图 4-9 所示为转动齿轮-齿条驱动型手爪平行移动机械手的结构，该机械手用以夹持四方形工件。两个手爪 1 上均有齿条，在中间齿轮 3 转动时，带动两个手爪 1 做平行移动，以完成对工件 4 的夹紧及松开动作。这种机构结构简单，手爪活动范围大。

图 4-10 所示为平行连杆式手爪平行移动机械手的结构，该机械手用以夹持平行平面类工件。安装在推杆 2 和手爪 4 之间的两对平行等长连杆 3，可以保证两手爪的工件夹持面在开闭过程中始终保持平行。工作时，气缸 1 带动推杆 2 向左移动，手爪 4 夹紧工件，气缸 1 带动推杆 2 向右移动，手爪 4 松开工件。

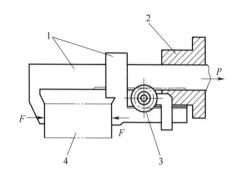 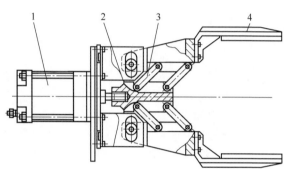

1—手爪 2—手腕 3—齿轮 4—工件
图 4-9 转动齿轮-齿条驱动型
手爪平行移动机械手结构

1—气缸 2—推杆 3—平行等长连杆 4—手爪
图 4-10 平行连杆式手爪平行移动机械手结构

② 吸附类。手部靠吸附力取料，吸附类手部适用于大平面（单面接触无法抓取）、易碎（玻璃、磁盘）、微小（不易抓取）的物体，使用广泛。根据吸附力的不同可分为气吸附和磁吸附两种。

a. 气吸式。手部是常用的一种吸持工件的装置。它由吸盘（一个或几个）、吸盘架及进排气系统组成，具有结构简单、质量轻、使用方便可靠等优点。广泛用于非金属材料（如板材、纸张、玻璃等物体）或不可有剩磁的材料的吸附。

图 4-11 所示是真空气吸式手爪结构。真空的产生是利用真空泵，真空度较高。其主要零件为蝶形吸盘 1，通过固定环 2 安装在支承杆 4 上，支承杆由螺母 6 固定在基板 5 上。取料时，蝶形吸盘与物体表面接触，蝶形吸盘的边缘起密封作用和缓冲作用，然后真空抽气，吸盘内腔形成真空，实施吸附取料。放料时，管路接通大气，失去真空，物体放下。为了避免在取放料时产生撞击，有的还在支承杆上配有弹簧缓冲。为了更好地适应物体吸附面的倾斜状况，有的在吸盘背面设计有球铰链。

图 4-12 所示为挤气式吸盘手爪结构，主要由橡胶吸盘 4 及锥形阀 2 构成。工作时手爪整体向下移动，当橡胶吸盘 4 移至工件 5 并与其接触后，吸盘受挤压变形，使吸盘内的空气经锥形阀 2 从排气孔 a 排出而形成负压，把工件吸住。当手爪吸住工件整体向上移动到放料位置时，推杆 1 被设置的行程挡块（图中未画）挡住而向下运动，顶开锥形阀 2，吸盘上的吸气孔 b 与大气相通，负压消失，工件靠自重松开吸盘落下。这种吸盘手爪的吸力大小与吸盘的尺寸及形成的负压有关，吸盘的直径越大，则负压作用面积也大，吸附力就大，常用于具有较平整和光滑表面的工件的抓取。

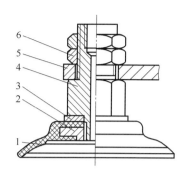

1—蝶形吸盘　2—固定环　3—垫片
4—支承杆　5—基板　6—螺母
图 4-11　真空气吸式手爪结构

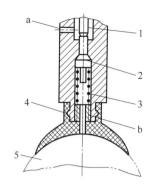

1—推杆　2—锥形阀　3—弹簧　4—橡胶
吸盘　5—工件　a—排气孔　b—吸气孔
图 4-12　挤气式吸盘手爪结构

图 4-13 所示为气流负压气吸吸附机械手结构。利用流体力学原理，当需要取物时，压缩空气高速流经喷嘴 5 时，其出口处的气压低于吸盘腔内的气压，腔内的气体被高速气流带走而形成负压，完成取物动作。需要释放时，切断压缩空气即可。气流负压吸附手部需要的压缩空气容易取得，成本较低。

b. 磁吸式。手部利用永久磁铁或电磁铁通电后产生的磁力来吸附工件，应用较广。

磁吸式手部与气吸式手部相同，不会破坏被吸工件表面质量。磁吸式手部比气吸式手部优越的方面在于其有较大的单位面积吸力，对工件表面粗糙度及通孔、沟槽等无特殊要求。磁吸式手部的不足之处是被吸工件存在剩磁，吸附头上常吸附磁性屑如铁屑等，影响正常工作。因此，对不允许有剩磁的零件要禁止使用该手部。钢、铁等材料制品，温度超过 723℃就会失去磁性，故在高温下无法使用磁吸式手部。

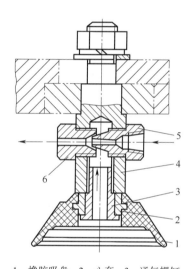

1—橡胶吸盘　2—心套　3—通气螺钉
4—支承杆　5—喷嘴　6—喷嘴套
图 4-13　气流负压气吸吸附机械手结构

磁吸式手部按磁力来源可分为永久磁铁手部和电磁铁手部。电磁铁手部由于供电不同又可分为交流电磁铁手部和直流电磁铁手部。

图 4-14 所示为电磁吸盘手爪结构。电磁吸盘和气吸盘工作原理相似，都是通过吸力把工件吸住，不同的是电磁吸盘是通过电磁铁的磁场吸力把工件吸住。当线圈 3 通电时，产生电磁场，其磁力线只有通过铁心 2 和工件 4 才能形成闭合回路，因而工件 4 在磁力线拉力作用下被吸附在电磁吸盘上。当线圈 3 断电时，磁力线随即消失，工件 4 因失去磁力线的作用而被松开，这种手爪只能用于抓取磁性材料工件，不能用于有色金属及非磁性材料工件。

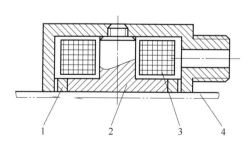

1—隔磁环　2—铁心　3—线圈　4—工件
图 4-14　电磁吸盘手爪结构

4.2   机器人应用简介

机器人出现在 20 世纪 60 年代初，其外形像一个坦克的炮塔，基座上有一个可转动的大机械臂，大臂上又伸出一个可以伸缩和转动的小机械臂，能进行一些简单的操作，代替人做一些诸如抓放搬运工件的工作。

工业机器人是集机械、电子、控制、计算机、传感器、人工智能等多学科先进技术于一体的现代工业重要的自动化装备。自从世界上第一台工业机器人诞生以来，机器人技术及其产品发展很快，已成为柔性制造系统（FMS）、自动化工厂（FA）、计算机集成制造系统（CIMS）的自动化工具。

目前工业机器人在诸多领域为人类的生产和生活服务，不仅可提高产品的质量与产量，而且对保障人身安全、改善劳动环境、减轻劳动强度、提高劳动生产率、节约原材料消耗及降低生产成本有着十分重要的意义。

工业机器人是面向工业领域的多关节机械手或多自由度的机器装置，它能自动执行工作节拍，靠自身动力和控制能力来实现各种操作功能。它可以接受人类指挥，也可以按照预先编排的程序运行，现代的工业机器人还可以根据人工智能技术制定的原则纲领行动。

4.2.1   工业机器人的组成与分类

（1）工业机器人的组成。如图 4-15 所示，机器人的机械结构基本组成有手部结构、手腕结构、臂部结构、机身结构和行走机构。

机器人具有机器的所有特征。工业机器人由主体、驱动系统和控制系统 3 个基本部分组成。主体即基座和执行机构，包括臂部、腕部和手部，有的机器人还有行走机构。

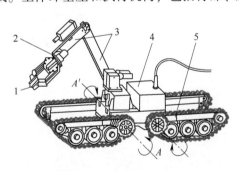

1—手部结构　2—手腕结构　3—臂部结构
4—机身结构　5—行走机构
图 4-15　机器人机械结构的组成

大多数工业机器人有 3~6 个运动自由度，其中腕部通常有 1~3 个运动自由度。驱动系统包括动力装置和传动机构，用以使执行机构产生相应的动作。控制系统按照输入的程序对驱动系统和执行机构发出指令信号，并进行控制。

工业机器人按臂部的运动形式分为 4 种：直角坐标型的臂部可沿 3 个直角坐标移动，圆柱坐标型的臂部可作升降、回转和伸缩动作，球坐标型的臂部能回转、俯仰和伸缩；关节型的臂部有多个转动关节。

（2）工业机器人的分类。通常将机器人分为工业机器人和服务机器人两大类。工业机器人是集机械、电子、控制、计算机、传感器、人工智能等多学科先进技术于一体的现代制造业重要的自动化装备。服务机器人是机器人家族中发展最快的，可以分为专业领域服务机器人和个人、家庭服务机器人，服务机器人的应用范围很广，主要从事维护保养、修理、运输、清洗、保安、救援、监护等工作。机器人的应用类型见表 4-3，可见其应用广泛。

表 4-3　　机器人应用类型

类型	作业场合	主要应用
工业机器人	搬运机器人	码垛、卸垛、分拣、冲压、锻造、移动小车(AGV)
	装配机器人	包装、拆卸
	处理机器人	切割、研磨、抛光
	喷涂机器人	喷涂、喷镀
	焊接机器人	点焊、弧焊
服务机器人	个人或家用机器人	家庭作业、休闲娱乐、残障辅助、住宅安全监视
	专业性服务机器人	专业清洁、医用、物流、检查维护保养、建筑、水下作业、营救、国防安全应用

4.2.2　工业机器人的应用及其发展

工业机器人应用在生产生活的各个方面，重点体现在以下领域。

（1）在装配作业中应用广泛。在半导体电子行业中，它可以用来装配和插装芯片。在机械行业中它可以用来组装零部件，如链条装配、轴承装配等。图 4-16 所示是机器人用于机械制造装配，将多个工件组合在一起。

（2）应用于机床加工工件的装卸，特别是在自动化机床、组合机床、加工中心等设备上使用较为普遍。

（3）在劳动条件差或动作重复、单调、易于疲劳的工作环境工作，以代替人的劳动。图 4-17 所示是机器人用于物料堆码，完成重复性工作。

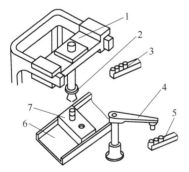

1—直角坐标型机器人　2—手腕　3—小轴供料　4—圆柱
坐标型机器人　5—轴套供料　6—基座供料　7—基座
图 4-16　机器人用于机械制造装配

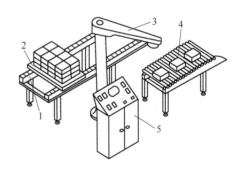

1—链式输送线　2—码盘　3—机器人
4—滚轴供料线　5—控制系统
图 4-17　机器人用于物料堆码

（4）在危险场合下工作，如化工品的装卸、危险品及放射性物质等的搬运。

（5）宇宙及海洋的开发利用。图 4-18 所示是机器人用于水下执行任务。

（6）军事工程及生物医学方面的研究和试验。

我国于 1972 年开始研制自己的工业机器人。进入 20 世纪 80 年代后，在高技术浪潮的冲击下，随着改革开放的不断深入，我国机器人技术的开发与研究得到了政府的重视与支持。"七五"期间，国家投入资金，对工业机器人及其零部件进行攻关，完成了示教再现式工业机器人成套技术的开发，研制出了喷涂、点焊、弧焊和搬运机器人。借助国家高技术研

图 4-18 机器人用于水下执行任务

究发展计划（863 计划）的实施，相关机构以智能机器人为主题，跟踪世界机器人技术的前沿发展，取得了一大批科研成果，成功研制出了一批特种机器人。

20 世纪 90 年代初期起，我国的国民经济进入实现两个根本转变时期，掀起了新一轮的经济体制改革和技术进步热潮，工业机器人又在实践中迈进一大步，业内先后研制出了点焊、弧焊、装配、喷漆、切割、搬运、包装码垛等各种用途的工业机器人，并实施了一批机器人应用工程，形成了一批机器人产业化基地，为我国机器人产业的腾飞奠定了一定基础。

近些年来，随着劳动力成本的提高，"机器换人"理念已是大势所趋。机器人制造企业、机器人产业园如雨后春笋般发展起来，各行业都在不断研制、引进和应用机器人。

科技改变世界，机器人成为改变世界的关键"钥匙"。工业机器人自动化生产线成套设备已成为自动化装备的主流及未来的发展方向。汽车、电子电器、工程机械等行业已经大量使用工业机器人自动化生产线，以保证产品质量，提高生产效率，同时避免工伤事故。近半个世纪的工业机器人发展实践表明，工业机器人的普及是实现自动化生产、提高社会生产效率、推动企业和社会生产力发展的有效手段。我们仍需在引进、消化和应用中不断创新，快速发展具有我国特色的机器人产业。

思考及综合分析题

1. 介绍一下工业机械手的组成及分类。
2. 工业机械手的手爪有哪几种类型？分析其结构并说明工作原理。
3. 吸附型手爪有哪几种形式？试分别叙述其工作原理。
4. 如何选用机械手的手腕？
5. 试分析机械手手臂的典型结构。
6. 试述工业机器人的组成及分类，试述你见过的机械手或者机器人的应用情况。
7. 生产中常见的挖掘机和建筑塔吊是典型的工业机械手和机器人应用，请用教材介绍的理论观察分析其组成和自由度形式。

第5章　自动机械的检测与控制

自动机械要实现自动供料、自动加工、自动卸料、自动输送等环节，这不仅要求组成自动机械的各个单元必须按规定的顺序动作，且相互配合形成统一和协调的生产系统，还必须要有一个准确可靠的检测和控制装置。

本章主要阐述自动机械常用的控制系统工作原理、有关检测装置、自动控制方面的基础知识和应用等。

5.1　检测与控制技术

从第3章的图3-7使用磁粉制动器的张力自动控制系统工作原理，可以看出自动机械的检测与控制涉及的知识面很广，需机械、检测、传感、信号分析处理等较多功能元件相互配合才能实现顺利生产。

5.1.1　自动机控制技术的种类与特点

随着科学技术的发展进步，新的控制技术被广泛应用于实现生产过程的自动控制中，不仅仅依靠凸轮、靠模、自动停车装置等机械控制。目前常用的控制技术可归纳为4大类。

（1）机械控制。机械控制主要由分配轴、凸轮、从动构件及一些调整环节构成。分配轴上的凸轮根据各执行机构的运动要求，设计成相应的轮廓形状，并按工作循环图，在分配轴上保持相互间的相位角，从而使各执行机构能按照预定的程序和时间协调运动。当加工对象发生变化时，应按照新的工作循环图调整凸轮间的相位位置，必要时还要更换成新加工对象的专用凸轮。

机械控制结构比较复杂，调整不灵活，但工作可靠，主要适应于大批量生产的专用自动机械和半自动机械。

（2）流体控制。流体控制利用具有一定压力的流体和各种流体控制元件及装置，组成控制回路，进行自动控制，分为液压控制和气压控制两种。

①液压控制。液压控制以液压油作为工作介质，进行能量传递和控制。液压装置工作平稳，重量轻，惯性小，反应快，易于实现快速启动、制动和频繁的换向，能在大范围内实现无级调速，还可在运行过程中调速。液压系统易于实现自动化，它对液体压力、流量或流动方向易于进行调节和控制。

液压控制缺点是在工作过程中有较多的能量损失（摩擦损失、泄漏损失等），对油温的变化比较敏感，工作的稳定性容易受到温度的影响，不宜在很高或很低的温度条件下工作，油液具有易燃性，有引起爆炸的危险，油液中有空气，会引起工作机构的不均匀跳动。

② 气压控制。气压控制利用压缩空气作为传递动力或信号的工作介质，以主要气动元件与机械、液压、电气（含可编程序控制器和微型计算机）等构成控制回路，按生产工艺要求、设定的顺序或条件动作进行控制。其动作迅速，反应快，使用的元件和工作介质成本低，便于对设备的自动化改装，能在比较恶劣的条件下工作。缺点是运动的平稳性较差，有噪声，运动控制精度相对较低。

（3）继电器接触器控制。继电器接触器控制是利用继电器或接触器机械触点的串联或并联，以及延时继电器的滞后动作等组合形成控制逻辑，将电动机、低压电器（如继电器、行程开关、接触器、电磁阀等）和保护电器（如熔断丝、热继电器、断路器等）连接而成的控制回路。执行机构工作时，利用行程、压力或时间的变化，通过电器元件触头接通或断开电动机、电磁铁或电磁阀的电路，以改变各执行机构的运动状态。

继电器接触器控制构造简单，造价低，使用方便，采用硬件接线实现，只能完成既定的逻辑控制，若要改变控制逻辑，必须重新接线，工作量大，且依靠触点的机械动作实现控制，工作频率低，机械触点有抖动现象，造成工作不可靠。

（4）计算机控制。以计算机为核心的计算机控制技术广泛应用于各类机器设备的自动控制。计算机的微型化、高速、大内存、高性能，促进了工业自动化。在控制过程中，工业计算机收集和分析处理信息，发出指令去指挥和控制系统运行，还提供多种人机接口，以便观测结果、监测运行状态和实现人对系统的控制和调整。计算机控制的功能，可归纳为以下5个方面。

① 对生产过程的直接控制。包括顺序控制、数字程序控制和直接数字控制。

② 对生产过程的监督和控制。根据生产过程状态、原料和环境因素，按照预定的生产过程数学模型，计算出最优参数作为给定值，以指导生产。也可直接将给定值送给模拟调节器，自动进行整定、调整，传送至下一级计算机进行直接数字控制。

③ 在生产过程中，对各物理参数进行周期性或随机性的自动测量，并显示、打印记录结果提供给操作人员观测；对间接测量的参数和指标进行计算、存储、分析判断和处理，并将信息反馈到控制中心，制定对策。

④ 对车间或全厂自动生产线的生产过程进行调度和管理。

⑤ 直接渗透到自动机械产品中，形成机电一体化智能新产品，如智能包装机械、智能仪器等。

各种控制方式性能特点见表5-1。

表 5-1　　　　　　　　　　各种控制方式的性能特点

项目	机械控制	液压控制	气压控制	继电器接触器控制	计算机控制
动作速度	低	稍高（约1m/s）	高（约17mm/s）	很高	很高
输出力	中等	很大（10^5N以上）	大（$3×10^4$N以下）	中等	很小
信号响应	中等	慢	快	很快	很快
位置控制	很好	好	好	很好	很好
速度控制	一般	很好	好	很好	很好
无级变速	一般	很好	好	好	很好
元件结构	普通	稍复杂	简单	稍复杂	复杂
动力源中断时	无法动作	有蓄能器时可动作	可动作	可延时动作	可延时动作

续表

项目	机械控制	液压控制	气压控制	继电器接触器控制	计算机控制
管线	无	复杂	稍复杂	较简单	复杂
保养技术	简单	简单	简单	需要	特别需要
危险性	一般	注意引火性	一般	注意漏电	一般
腐蚀性	普通	普通	注意凝结冰	大时要注意	大时要注意
振动	普通	一般	注意氧化	大时要注意	大时要注意
结构	普通	稍复杂	简单	稍复杂	复杂

5.1.2　控制系统的构成与分类

（1）控制系统的构成。图 5-1 所示为常见自动机器典型控制系统的构成，主要由输入装置（给定、检测装置）、控制器和执行机构组成。

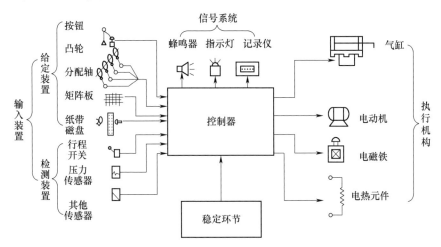

图 5-1　常见自动机器典型控制系统的构成

① 给定装置。也称发令器，是人对机器下命令的装置。自动机械中多以手动发讯、程序寄存器按预订顺序发讯两种方式出现。

根据对被控对象控制方法的不同，给定装置可分为稳定给定装置、程序给定装置、跟踪给定装置 3 种。

a. 稳定给定装置：给出一种不随时间等参数变化的给定值。常见的如电位器、按钮等。

b. 程序给定装置：给出随时间变化的给定值。典型的程序给定装置是凸轮分配轴。凸轮分配轴作为程序给定装置使用时，按给定程序向各凸轮从动件输入指令。在通用程序控制系统中，可采用二极管插销矩阵板作为可改程序的程序给定装置。用工业计算机控制自动机械或自动线时，控制程序及其修改，由键盘、纸带、磁带、磁盘等作为程序给定装置。

c. 跟踪给定装置。利用与随时间的实际变化过程有关的被控对象的输出信息返回来对被控对象进行有选择的控制。它的输入量（即给定值）不仅仅是时间的函数，还随输出量而变化。

② 检测装置。检测装置是指检测现场工作情况的装置，如同人的视觉、听觉、触觉等

器官，把现场工作情况以信息形式传给控制器（或称处理装置）。检测装置主要起监督作用。

　　a. 被加工的物品或工件的参数，如零件尺寸与公差、质量缺陷、强度与硬度、缺料与计数、容积与质量等。

　　b. 工作机构参数，如位移行程、速度、加速度、工作时间和作用力大小等。

　　c. 运行综合条件，如强度、压力、流量、料位、色度、相对密度和成分等。

　　这些参数在控制系统中称为"被控参数"。这些参数的检测工序，在自动加工工序中一般占30%~40%，因此，检测自动化在自动机械的研发工作中意义重大。

　　实现上述参数的检测方法多样。按提供能量的形式不同，分为机械式、光学式、化学式、流体式、电气式或它们的组合形式等，其中电气式应用最广。

　　检测装置中最主要的是传感器，其作用是将被测对象的尺寸等参数变化转换成其他物理量，如转换成电气或其他形式的信号，然后将此信号送至放大装置进行放大或经其他方法处理后，供自动机械的控制系统对工作过程进行自动控制。

　　③ 控制器。控制器也称调节器、数据处理装置或逻辑运算装置等，它使被控参数按某一规律变化，是对给定指令和检测信号进行逻辑处理的装置。控制器相当于人的大脑，并能给出处理结果的执行情况。

　　不同的控制器可以组成不同的控制系统。有用气动控制器作为控制器组成的气动控制系统；用电动控制器作为控制器组成的电子控制系统；用可编程序控制器等工业计算机作为控制器组成的控制系统是当今自动机械理想的控制系统；由凸轮分配轴构成的机械控制系统中，凸轮分配轴就是机械式控制器，由它控制的系统称为机械控制系统。

　　④ 执行机构。执行机构根据执行指令的大小、方向、速度等要求，忠实地执行动作，它好比人的手脚，在大脑中枢指令下完成各种动作。

　　按运动形式分，执行机构有直线式和回转式两种；按能源分，有电气式（直流、交流、脉冲）、液压式和气动式。对执行机构的要求：除能控制其输出力、速度、方向和位置外，还要求它工作时反应灵敏、动作可靠、性能稳定、结构简单、价格低廉。

　　控制系统还包括信息放大器、稳定环节、信号系统等辅助装置。在实际的控制系统中，很难把它们严格分开，一个装置可能兼有几种环节的功能。

　　（2）控制系统的分类。控制系统按其控制依据（或称控制原理）分为时间控制、行程控制和时间-行程混合控制3种类型。

　　① 时间控制：具有中央控制器（即发令器、分配器），指令集中从这里发出，又称为集中式控制。其特点是指令的程序和特征是预先规定好的，由中央控制器每隔一定时间发出指令，使控制的各执行元件严格地按照此时间动作，不因被控制对象实际执行指令的情况而改变，因而工作不安全，即当某工作部件不按预定的规律动作时，其他工作部件仍按预定时间运动，故有可能发生碰撞或干涉等事故。但发令器集中在一起，调整较方便。图5-2所示为机械分配轴式中央控制器。

　　图5-3所示为码盘式中央控制器。控制电机6带动码盘1匀速转动，码盘上的长槽转到信号喷嘴3和与其相应的接收喷嘴2处时，发出气信号。码盘小孔转到光源5和光电元件4之间时，发出光电信号。码盘上各槽的工作角β和相互夹角ψ，由工作循环图确定。

　　在电子、气动逻辑控制中，控制对象的各执行元件严格按照一定的时间间隔进行动作的控制系统，称为时间程序控制系统，简称时序控制系统，主要由信号分配回路、时序信号发

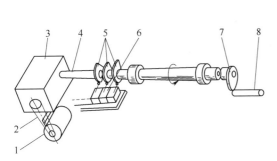

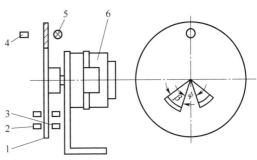

1—电动机　2—传动带　3—变速箱　4—分配
轴　5、7—凸轮　6—微动开关　8—拨位销
图 5-2　机械分配轴式中央控制器

1—码盘　2—接收喷嘴　3—信号喷嘴
4—光电元件　5—光源　6—控制电动机
图 5-3　码盘式中央控制器

生器及执行元件 3 部分组成。图 5-4 所示为时
序控制系统方框图。时序信号发生器发出时间
信号，通过信号分配回路，按一定时间间隔分
配给相应的执行机构，使其动作。

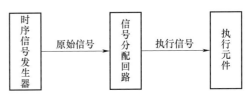

图 5-4　时序控制系统方框图

　　② 行程控制。图 5-5 所示是按行程控制的
电气原理。按下启动按钮 K_1 后，部件 Ⅰ 开始
运动。当部件 Ⅰ 运动到规定位置时，其上的挡
块压下行程开关 K_2，部件 Ⅱ 开始运动，部件 Ⅰ 停止运动或快速退回。当部件 Ⅱ 运动到规定
位置时，压下行程开关 K_3，部件 Ⅲ 开始运动，部件 Ⅱ 停止运动。以此类推，使各个部件获
得顺序动作。因此，在每两个工作部件间必须有相应的机构传递指令。如果工作循环较为复
杂，用机械传动机构在部件之间传递命令，构造常比较复杂，甚至无法实现。

　　在行程控制系统中很少采用机械控制系统。最方便的是电气、电子、气动、液压控制及
以上几种方式混合的控制系统。

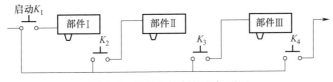

图 5-5　按行程控制的电气原理

图 5-6 所示是行程程序控制原理方框图。

图 5-6　行程程序控制原理方框图

　　执行机构的每一步动作完成后，由行程发信器发出一个信号，这个信号输入逻辑线路，
并由它作出判断，发出执行信号，整个系统就如此循环下去。

　　行程控制系统本身具有自锁作用，当某一部件发生故障时，工作循环停止，故工作安全
可靠。但发令器过于分散使得调整麻烦，因此常用来控制较简单的工作循环。

③ 时间-行程混合控制。在一个工作程序中，部分节拍的执行元件是根据时序动作的，而另一部分是依据前一节拍动作的终端行程信号动作的。因此，从一个节拍到另一个节拍的控制方式可能有变化，所以对时序信号发生器是否要复位及如何复位，必须具体分析。也就是说，要特别注意反馈信号回路的连接问题。

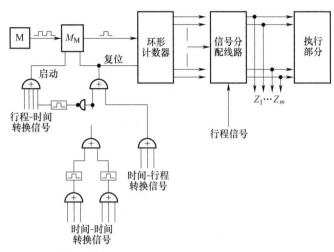

图 5-7　时间-行程混合控制框图

节拍之间控制方式的转换可能存在 4 种情况，即行程-行程、行程-时间、时间-时间和时间-行程。行程-行程转换与时序信号发生器无关，相应的信号分配回路输出的执行信号也用不到反馈。行程-时间转换与时序信号发生器无关，相应的信号分配回路输出的执行信号也用不到反馈，但行程-时间转换必须在该行程的执行信号输出的同时引出反馈信号，以启动时序信号发生器。时间-时间的转换，必须将相应执行信号通过反馈信号形成回路，使时序信号发生器先复位，后启动。时间-行程的转换，则要求在行程动作信号输出的同时，将时序信号发生器关闭（复位）。根据上述特点，时间-行程混合控制如图 5-7 所示。

5.2　可编程控制器及其应用

5.2.1　可编程控制器及其组成

（1）可编程控制器。在自动控制领域尤其是过程控制中，除了以模拟量为被控量的控制外，还存在着大量以开关量（数字量）为主的逻辑顺序控制。这就要求控制系统按照逻辑条件和一定的顺序、时序产生控制动作，并且能够对来自现场的大量的开关量、脉冲、计时、计数等数字信号进行监视和处理。

美国数字设备公司（DEC）于 1969 年研制出了第一台可编程控制器，型号为 PDP-14，它仅具有逻辑运算、定时、计数等功能，用开关量控制，实际只能进行逻辑运算，所以称为可编程逻辑控制器，简称 PLC。20 世纪 80 年代后，业内采用 16 位和少数 32 位微处理器构成 PLC，使可编程逻辑控制器在概念、设计、性能上都有了新的突破。采用微处理器之后，这种控制器的功能不再局限于当初的逻辑运算，增加了数值运算、模拟量的处理、通信等功能，成为真正意义上的可编程控制器，简称为 PC。为了与个人计算机 PC 区别，可编程控制器目前仍简称为 PLC。

1987 年国际电工委员会（IEC）颁布了可编程控制器的定义，即可编程控制器是专为在工业环境下应用而设计的一种数字运算操作的电子装置，是带有存储器，可以编制程序的控制器。它能够存储和执行命令，进行逻辑运算、顺序控制、定时、计数和算术运算等操作，并通过数字式和模拟式的输入、输出，控制各种类型的机械或生产过程。可编程控制器及其有关的外围设备，都应按易于工业控制系统形成一个整体、易于扩展其功能的原则设计。

可编程控制器的产生是基于工业控制的需要，是面向工业控制领域的专用设备，它具有以下特点。

① 可靠性高，抗干扰能力强。PLC 采用程序来实现逻辑顺序和时序，大大减少了机械触点和连线的数量，增强了可靠性。PLC 在硬件和软件等方面采取了一系列抗干扰措施。例如，对主要器件和部件用导磁良好的材料进行屏蔽，对供电系统和输入电路采用多种形式的滤波，I/O 回路与微处理器电路之间用光电耦合器隔离等。

② 通用性强，方便灵活。当生产工艺和流程进行局部的调整和改动时，通常只需要对 PLC 的程序进行改动，或者配合以外围电路的局部调整即可实现对控制系统的改造。

③ 编程简单，便于掌握。梯形图语言是 PLC 最重要也最普及的一种编程语言，其电路符号和表达方式与继电器电路原理图相似，电气技术人员和技术工人可以很快掌握梯形图语言，并用来编制用户程序。

④ 安装简单，调试维护方便。PLC 的故障率很低，具有完善的故障诊断和显示功能，可以根据装置上的发光二极管和软件提供的故障信息，方便地查明故障源。

⑤ 体积小，能耗低。由于 PLC 是靠软件来实现逻辑控制的，控制系统所消耗的电量大大降低。

⑥ 功能强，性价比高。模块化的设计，使其功能易于扩展。同时，PLC 具有的联网通信功能有利于实现分散控制、远程控制、集中管理等功能，具有良好的成本优势。

PLC 已成为一种最重要、最普及、应用场合最多的工业控制装置，成为现代工业自动化的三大支柱（PLC、机器人、CAD/CAM）之一。

PLC 分为小型、中型和大型。我国使用较多的是小型 PLC 产品，包括欧姆龙公司的 CPM 系列、三菱公司的 FX3U 系列、西门子公司的 S7-1200 系列等。下面介绍西门子公司的 S7 -1200 系列 PLC。

（2）可编程控制器的组成和工作方式。

① 可编程序控制器的组成。可编程控制器由 CPU 模块、I/O 模块、编程计算机与编程软件及电源等组成，如图 5-8 所示。

a. CPU 模块：主要由 CPU 芯片和存储器组成。相当于 PLC 的大脑，它不断地采集输入信号，执行用户程序，刷新系统的输出。存储器用来储存程序和数据。

b. I/O 模块：输入（Input）模块和输出（Output）模块的简称。输入模块用来采集输入信号，

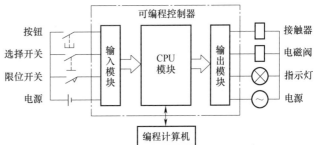

图 5-8　可编程序控制器基本组成

输出模块用来控制外部的负载和执行器。I/O 模块还有电平转换与隔离的作用。

c. 编程计算机与编程软件。STEP7（TIA Portal）用来生成和编辑用户程序，监控用户程序的运行。

d. 电源。PLC 使用 AC 220V 电源或 DC 24V 电源。S7-1200 PLC 可以为输入电路和外部的电子传感器提供 DC 24V 电源。

② PLC 的扫描工作方式。PLC 通电后，首先对硬件和软件做一些初始化操作。为了使 PLC 的输出及时地响应各种输入信号，初始化后 PLC 反复不停地分阶段处理各种不同的任务，这种周而复始的循环工作方式称为扫描工作方式。每次循环的时间称为扫描周期。

PLC 一个扫描周期内的基本工作过程：在输入操作时，首先启动输入单元，把现场信号转换成数字信号后全部读入，其次进行数字滤波处理，最后把有效值放入输入信号状态暂存区；在输出操作时，首先把输出信号状态暂存区中的信号全部送给输出单元，然后进行传送正确性检查，最后启动输出单元，把数字信号转换成现场信号输出给执行机构。在每个扫描周期内只进行一次输入和输出操作。所以在用户程序执行的这一周期内，其处理的输入信号不再随现场信号的变化而变化；与此同时，虽然输出信号状态暂存区中信号随程序执行的结果不同而不断变化，但是实际的输出信号是不变的，在输出过程中，只有最后一次操作结果对输出信号起作用。

（3）输入输出电路。

① 数字量输入电路。图 5-9 中的 1M 是同一组输入点各内部输入电路的公共点。输入电流为数毫安。外接触点接通时，发光二极管亮，光敏三极管饱和导通，反之发光二极管熄灭，光敏三极管截止，信号经内部电路传送给 CPU 模块。

② 数字量输出电路。S7-1200 的数字量输出电路有继电器输出和晶体管输出两种形式。继电器输出电路可以驱动直流负载和交流负载，承受瞬时过电压和过电流的能力较强，但动作速度慢，动作次数有限制。晶体输出电路只能驱动直流负载。反应速度快、寿命长，过载能力稍差。图 5-10 所示为继电器输出电路。

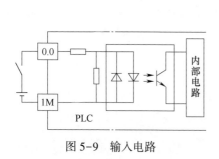

图 5-9 输入电路

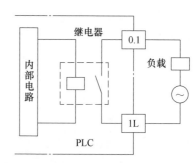

图 5-10 继电器输出电路

5.2.2 可编程控制器程序设计实例

（1）可编程控制器的编程语言。国际电工协会关于 PLC 的标准中，规定了符合 IEC 61131—3 标准的 5 种编程语言，分别是：

① 梯形图（LAD）。梯形图程序被划分为若干个网络，一个网络只能有一块独立电路。触点接通时有"能流"（Power Flow）流过线圈。"能流"只能从左向右流动。梯形图中输入信号（触点）与输出信号（线圈）之间的逻辑关系一目了然，易于理解。设计复杂的数字量控制程序时建议使用梯形图语言，如图 5-11 所示。

② 功能块图（FBD）。类似于数字逻辑电路的编程语言，国内不常使用。

图 5-11　梯形图语言

③ 语句表（STL）。语句表程序由指令组成，适合具有丰富经验的程序员使用。

④ 顺序功能图（SFC）。用于编制复杂的顺控程序。

⑤ 结构文本（ST）。为 IEC 61131—3 标准创建的一种专用的高级编程语言。

（2）S7-1200 的程序结构介绍。

① 主程序 OB1：每次扫描都要执行主程序。每个项目必须有且只能有一个主程序，主程序可以调用子程序。

② 子程序：同一个子程序可以被多次调用，使用子程序可简化程序代码、减少扫描时间。

③ 中断程序：在中断事件发生时由 PLC 的操作系统调用中断程序。

（3）应用示例：搅拌机的 PLC 控制。

工作要求：使用 S7-1200 PLC 实现搅拌机的控制。搅拌机的工作流程是：正向运行一段时间后，停止一段时间，然后再反向运行一段时间后，再停止一段时间，如此循环。本案例要求，搅拌机正转和反转的时间均为 15s，间隔停止运行时间均为 5s，循环搅拌 10 次后搅拌工作结束。搅拌结束后要求有一指示灯以秒级周期闪烁。表 5-2 所列为搅拌机的 PLC 控制 I/O 分配表，图 5-12 所示为 PLC 外部接线图，图 5-13 所示为 PLC 梯形图程序。

表 5-2　　　　　　　　　　搅拌电动机的 PLC 控制 I/O 分配表

输入		输出	
输入继电器	元器件	输出继电器	元器件
I0.0	搅拌机起动 SB1	Q0.0	搅拌机正转 KM1
I0.1	搅拌机停止 SB2	Q0.1	搅拌机反转 KM2
I0.2	搅拌机过载 FR	Q0.2	搅拌机指示 HL

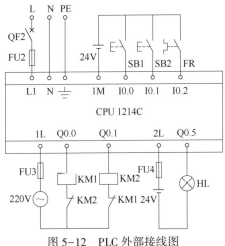

图 5-12　PLC 外部接线图

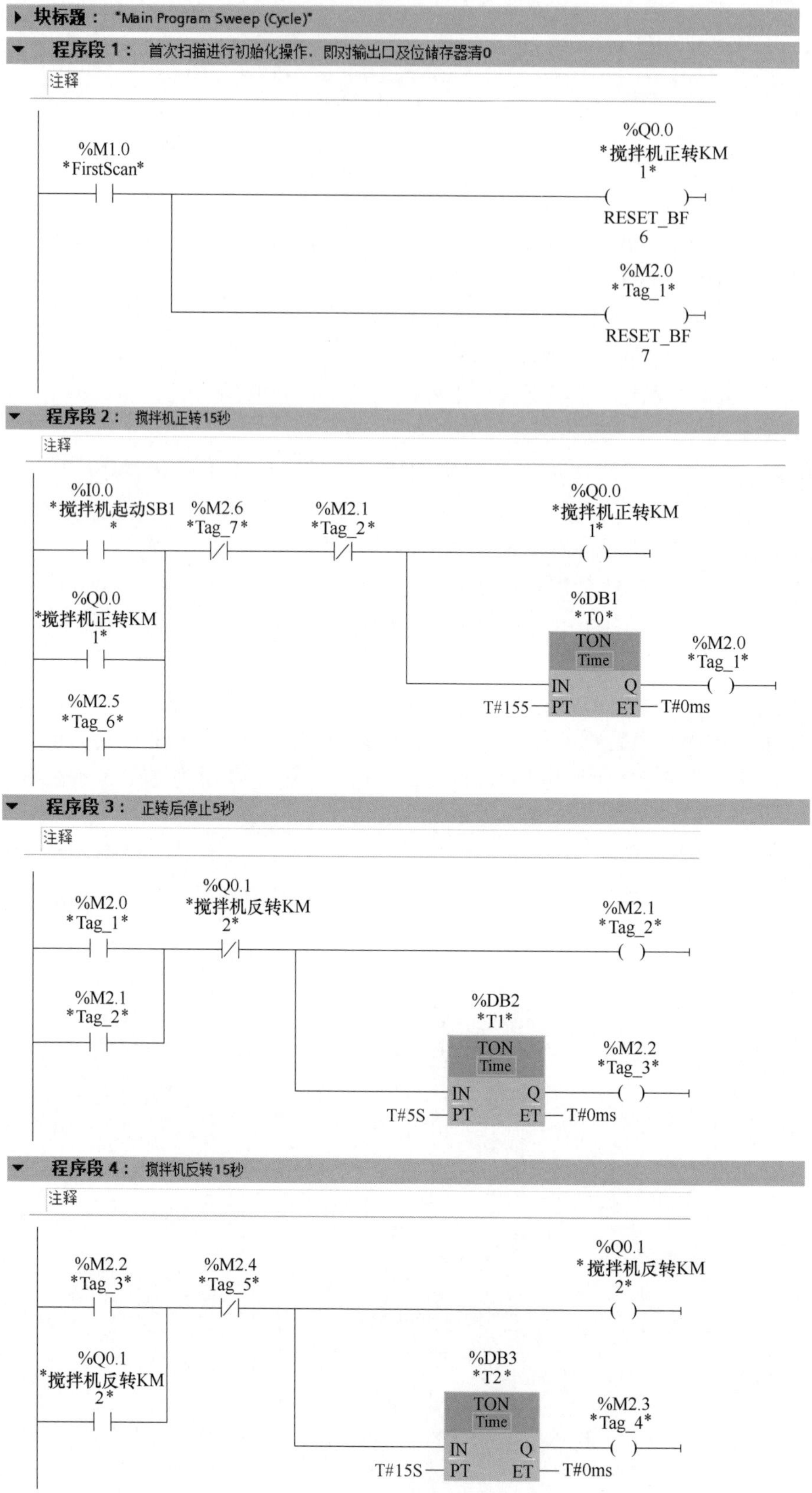

▶ **块标题：** "Main Program Sweep (Cycle)"

▼ **程序段 1：** 首次扫描进行初始化操作，即对输出口及位储存器清0

注释

```
%M1.0                                              %Q0.0
*FirstScan*                                    *搅拌机正转KM
   ┤├──────┬──────────────────────────────────────  1*
          │                                        ─( )─
          │                                       RESET_BF
          │                                          6
          │
          │                                        %M2.0
          │                                       *Tag_1*
          └──────────────────────────────────────  ─( )─
                                                   RESET_BF
                                                      7
```

▼ **程序段 2：** 搅拌机正转15秒

注释

```
%I0.0          %M2.6       %M2.1                    %Q0.0
*搅拌机起动SB1   *Tag_7*     *Tag_2*               *搅拌机正转KM
   *                                                  1*
  ┤├────┬──────┤/├─────────┤/├──────────────────────( )─
        │
 %Q0.0  │                                           %DB1
*搅拌机正转KM                                        *T0*
   1*   │                                            TON                %M2.0
  ┤├────┤                                            Time              *Tag_1*
        │                                    ┌────IN        Q────────────( )─
 %M2.5  │                                    │  T#155─PT      ET──T#0ms
*Tag_6* │                                    │
  ┤├────┘                                    │
```

▼ **程序段 3：** 正转后停止5秒

注释

```
%M2.0         %Q0.1                                %M2.1
*Tag_1*    *搅拌机反转KM                            *Tag_2*
   ┤├────┬─────┤/├──────────────────────────────────( )─
        │
 %M2.1  │                                %DB2
*Tag_2* │                                *T1*
  ┤├────┘                                 TON                %M2.2
                                          Time              *Tag_3*
                                  ┌────IN        Q────────────( )─
                                  │  T#5S─PT      ET──T#0ms
```

▼ **程序段 4：** 搅拌机反转15秒

注释

```
%M2.2         %M2.4                                %Q0.1
*Tag_3*       *Tag_5*                           *搅拌机反转KM
   ┤├────┬─────┤/├──────────────────────────────────  2*
        │                                           ─( )─
 %Q0.1  │                                %DB3
*搅拌机反转KM                             *T2*
   2*   │                                 TON                %M2.3
  ┤├────┘                                 Time              *Tag_4*
                                  ┌────IN        Q────────────( )─
                                  │  T#15S─PT     ET──T#0ms
```

图 5-13

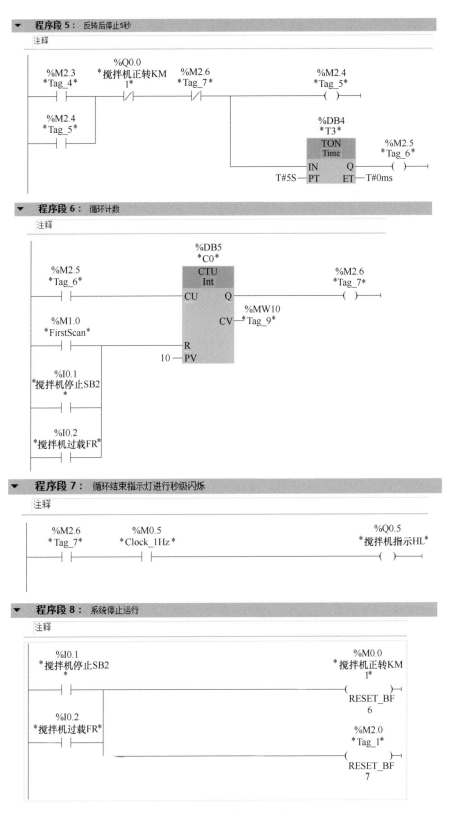

图 5-13　PLC 梯形图程序

5.3   传感检测装置

传感检测装置是控制系统的重要组成部分，类似人的听觉、视觉和触觉，也称传感装置或传感器，它把感知到被测对象的各种信息传给控制单元，达到要求的控制目的。

检测装置中很重要的元件是传感器，因此必须掌握传感器的相关知识及其选用。

5.3.1   传感器及其分类

（1）传感器。传感器的应用广泛，品种和形式多样，也有很多种叫法，如变换器、换能器、受感器、敏感元件等。

传感器的定义有多种表达方式，如有人认为传感器是把一种形式的量变换成另一种形式等效量的装置；有人把传感器解释为将输入信号变成不同形式输出信号的装置；还有人认为传感器既可代替人的五官，又能检查出五官所不能感知的信号，它远远超过了人的感知能力。综上，传感器是一种能将被测量（各种物理量、化学量、生物量等）变换成可以测量的有用信号的一种装置。

（2）传感器的分类。按被检测的物理量来分类，传感器可分为如下几类。

① 压力传感器：把压力和压差值变为电量，用于压力的测量。常用差动变压器原理、电阻应变片或半导体压敏效应等机理实现。

② 温度传感器：用于各种温度的测量。常用热电偶、热电阻等元件制成。

③ 位移传感器：把线位移和角位移变成对应的电量，常用的有差动变压器式、电容式、莫尔条纹式等。

④ 流量传感器：用于测量流体（气体和液体）的流量，常用膜片式、叶轮式、半导体电磁式等。

⑤ 湿度传感器：用于湿度的测量，常用的有电容介质式、毛发式、红外线吸收式、陶瓷表面吸收式等。

⑥ 气体传感器：用于感测各种气体和含量，如常用于烟雾、液化气测量等。

⑦ 光学传感器：用于测量光的强度、色度等，常用光电导型、光电子发射型等。

⑧ 其他还有速度和加速度传感器、物理化学量（密度、pH、浓度等）传感器等。

5.3.2   常用的几种传感器

（1）力、位移、长度传感器。

① 电阻应变式检测传感器。根据物理学知识，导体受力产生形变时，其电阻值也发生相应变化。在弹性范围内，导体的应力与其电阻值变化率呈线性关系。利用导体的这种特性可测力、位移、压力、扭矩等物理量。利用导体的电阻应变特性进行检测的元件称为电阻应变元件。

图 5-14 所示为电阻应变传感器工作原理。用 4 片电阻应变片连接成桥式电路，贴在所测量的弹性物件表面。电阻应变片 R_1 和 R_4 顺着弹性构件主轴（秤盘主支承）线粘贴，感受弹性，支承中主应变，作为检测电桥的检测桥臂；R_2、R_3 横着弹性构件主轴线方向粘贴，

应变很小，可作为温度补偿桥臂。设加于检测电桥的电源电压为 U_0，当秤盘处于平衡位置时，弹性元件不受力，无形变产生，此时按四臂交流电桥平衡条件选定应变片电阻值为 $R_1 \times R_4 = R_2 \times R_3$，检测电桥的输出电压 $U_0 = 0$。

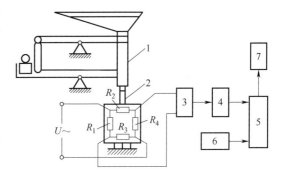

1—秤体部件　2—弹性构件　3—信号放大器　4—信号调制器　5—信号调节器　6—定量给定值装置　7—控制系统

图 5-14　电阻应变传感器工作原理

当秤盘上的物流质量值变化时，电阻应变片 R_1、R_4 受力也发生变化，其电阻增（减）量分别为 ΔR_1、ΔR_4，而 R_2、R_3 受力极小，其增（减）量可略去不计。此时电桥输出电压 U_0 为

$$U_0 = \frac{1}{4}kU(\varepsilon_1 + \varepsilon_4)\,(\mathrm{V}) \tag{5-1}$$

式中　k——电阻应变片的灵敏度系数（产品上已标出）；

　　　U——加于电桥的电源电压（V）；

　ε_1、ε_4——电阻应变片 R_1、R_4 的应变值。

由虎克定律知，弹性体在弹性范围内的应变为：

$$\varepsilon_\chi = \frac{\Delta l}{l} = \frac{w}{EA} \tag{5-2}$$

式中　Δl——弹性体变形量；

　　　l——弹性体原长；

　　　w——作用于秤盘上的物流质量值与给定值之间的差值所产生的作用力（N）；

　　　E——弹性构件的弹性模量（Pa）；

　　　A——弹性构件的横截面面积（m^2）。

若选用电阻应变片的灵敏度系数 k 相同，且电阻值 $R_1 = R_2 = R_3 = R_4$ 时，由式（5-2）知，应变片 R_1、R_4 的应变 $\varepsilon_1 = \varepsilon_4$，则根据式（5-1）得电桥输出电压为：

$$U_0 = \frac{1}{2}kU\varepsilon_1\,(\mathrm{V}) \tag{5-3}$$

式中符号意义同前。

检测电桥输出电压仅为微伏或毫伏级，经电压信号放大、调制后送到电子调节器中与标准称量给定值信号电压进行比较运算，并发出相应控制信号，控制物料供给装置调节给料物流量，从而维持物流量为给定值。

图 5-15 所示为应变式测力传感器在民用电子秤中的应用。图 5-15（a）的秤体为环式，图 5-15（b）和图 5-15（c）为一端固定、一端自由的悬臂梁，这些秤体都属弹性体敏感元件。应变片贴在秤体上的相应部位，称量时重力将使秤体变形，其上的应变片也相应变形，其变形信息经检测电桥输出和相关转换处理，最终以数字显示出来称重的大小。

② 差动变压器式传感器。如图 5-16 所示为差动变压器式传感器的工作原理。在磁性材料制成的线圈骨架 5 上装有一个初级线圈 3 和两个完全相同的次级线圈 2 与 4。磁心 1 可在线圈中移动，它的一端与被测物体相连并与被测物体一起运动。当初级线圈中通以高频交流电时，在次级线圈 2、4 中分别产生感应电动势 U_1 和 U_2，由于两个次级线圈反相串联 [图 5-16（b）]，在两个次级线圈的输出端 c、d 之间的输出压 U_0 由两个次级线圈感应电动势之

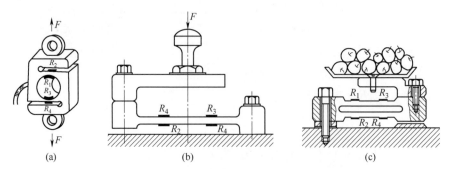

图 5-15　应变式测力传感器在民用电子秤中的应用

差来决定，即：

$$U_0 = U_1 - U_2 \tag{5-4}$$

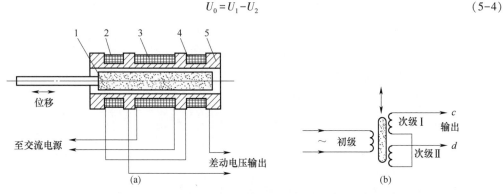

1—磁心　2、4—次级线圈　3—初级线圈　5—线圈骨架

图 5-16　差动变压器式传感器的工作原理

当磁心处于两个次级线圈的对称位置时，输出电压 $U_0 = U_1 - U_2 = 0$，当磁心移向次级线圈 2 时 $U_1 > U_2$，反之则 $U_2 > U_1$。图 5-17 所示为输出电压与磁心位移的关系。由图 5-17 中可知，磁心位移越大，则输出电压也越大。由此可知，差动变压器式传感器可以将位移或力等机械量转变成电量，对被控制对象进行检测。

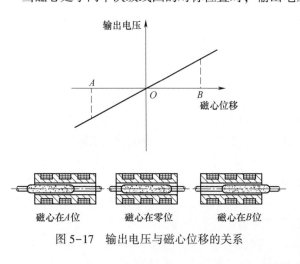

图 5-17　输出电压与磁心位移的关系

图 5-18 所示为由差动变压器式传感器组成的滚柱直径分选装置。被测滚柱 4 由振动料斗 10 送来并按顺序进入落料管 5，电感测微器 6 的钨钢测杆 7 在电磁铁的控制下，先提升到一定高度，气缸推杆 3 将被测滚柱推入钨钢测杆 7 正下方且由电磁限位挡板 8 挡住限位。之后，电磁铁释放使钨钢测杆 7 向下接触到被测滚柱，被测滚柱的直径就决定了与钨钢测杆 7 相连的衔铁的位移量。电感传感器的输出信号经相敏检波后送到计算机，计算出直径的偏差值。

完成测量后，测杆上升，电磁限位挡板 8 在电磁铁的控制下移开，测量好的滚柱在气缸推杆 3 的再次推动下离开测量区域。这时相应的电磁翻板 9（本装置设置有 7 个电磁翻板）打开，滚柱落入与其直径偏差相对应的振动料斗 10（本装置设置有 7 个料斗）中。同时，气缸推杆 3 和电磁限位挡板 8 复位。

从图 5-18 所示的虚线可以看到，批量生产的滚柱直径偏差概率符合随机误差的正态分布。若在轴向再增加一个电感传感器，还可以在测量直径的同时将滚柱的长度一并测出。

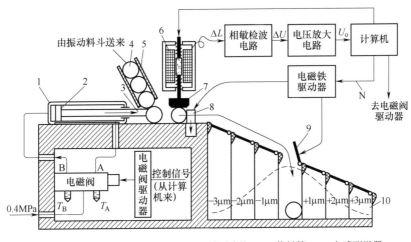

1—气缸　2—活塞　3—气缸推杆　4—被测滚柱　5—落料管　6—电感测微器
7—钨钢测杆　8—电磁限位挡板　9—电磁翻板　10—振动料斗
图 5-18　滚柱直径分选装置

③ 电容传感器。图 5-19 所示为电容传感器的原理图。它由两块平行板构成，图 5-19（a）为双极型，一对平行板的间距 d 发生变化，则两板构成的电容也发生变化；图 5-19（b）为差动型，由两个固定板及一块可动板组成，如果可动板上移，则可动板与上板构成的电容将增加，而与下板构成的电容将减少。

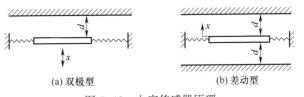

(a) 双极型　　　(b) 差动型
图 5-19　电容传感器原理

用平行板电容测量位移的原理如下，两平行板间的电容量为：

$$c = \frac{\varepsilon \cdot s}{d} \tag{5-5}$$

式中　s——两板极间遮盖的面积；

　　　d——活动板与固定板间的距离；

　　　ε——板极间介质的介电常数。

若差动式电容传感器的可动片向上移动距离 x，则板间距分别为 $d-x$ 及 $d+x$。相应的电容分别为：

$$c_1 = \frac{\varepsilon \cdot s}{d-x} \quad c_2 = \frac{\varepsilon \cdot s}{d+x} \tag{5-6}$$

图 5-20 所示为电容传感器在测厚仪上的应用示例。电容测厚仪可以用来测量金属带材在扎制过程中的厚度。在被测金属带材 1 的上下两侧各放置一块面积相等、与带材距离相等的固定电容极板 2，电容极板 2 与金属带材之间就形成了两个电容器 C_1 和 C_2。把两块极板

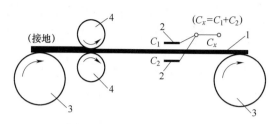

1—金属带材　2—电容极板　3—导向轮　4—轧辊

图5-20　电容传感器在测厚仪上的应用

用导线连接起来，就相当于 C_1 和 C_2 并联，总电容 $C_x = C_1 + C_2$。当带材厚度发生变化时，会引起上极板与带材的极距 d_1 和下极板与带材的极距 d_2 变化，使得电容发生变化，导致总电容 C_x 的改变，用交流电桥将电容的变化检测出来，经过放大，即可由显示器显示出带材厚度的变化。

使用上、下两个极板是为了克服带材在传输过程中的上下波动带来的误差。例如，当带材向下波动时，C_1 增大，C_2 减小，C_x 基本不变。

（2）温度传感器。工程上常用的温度传感器有热电偶传感器和热电阻传感器两种。

① 热电偶传感器。把两种不同导电性能的导体材料或半导体材料连接成图5-21（a）所示的闭合回路，并将两节点置于温度各为 t（又称工作端、测量端或热端）和 t_0（又称参考端、自由端或冷端）的热环境中，则两节点间将产生热电势，这种现象称为热电效应。能产生热电势的元件称为热电偶。

热电势的大小与材料和温度有关。若材料已定，则回路中的热电势与节点温度 t 端及 t_0 端有关。若节点温度 t_0 为已知，则回路中热电势的大小仅随节点温度 t 的变化而

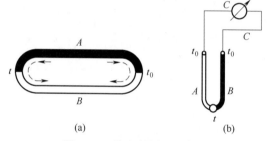

图5-21　热电偶原理示意图

变化。如图5-21（b）所示，将热电偶闭合回路中的热电势测量出来，已知冷端（t_0）的标准热电势，再通过公式计算出热端（t）的标准热电势，最后查分度表就可以得到热端的温度 t 了，利用这种原理制成的传感器叫热电偶传感器。测量时可接入第三种材料的导线而不影响测量值。常用的热电偶材料及其性能见表5-3。

表5-3　　　　　　　　　常用热电偶材料与性能

热电偶	最高工作温度/℃	最高工作温度时的热电势/mV	热电偶	最高工作温度/℃	最高工作温度时的热电势/mV
铜-铜镍合金	350	17.1	铬铜合金-铝铜合金	1000	41.31
铁-钴	600	37.4	铂铑-铂	1300	13.15
镍铬合金-镍	1000	36.7			

② 热电阻传感器。因热电偶需冷端温度补偿，在低温段测量精度较低，在中、低温区，一般使用热电阻传感器来测量，它是利用热电阻的电阻值随温度变化而变化的特性来进行温度测量的。

对于线性变化的热电阻来说，其电阻值与温度关系如下式：

$$R_t = R_0 \left[1 + \alpha(t - t_0) \right] \tag{5-7}$$

式中　R_t——t℃时的电阻；

　　　R_0——0℃时的电阻；

　　　α——温度系数。

已知 R_0 和 α，检测某个热电阻 t℃时的电阻，通过查分度表或计算可以得到温度值，利

用这种原理制成的传感器就叫热电阻传感器。

工业上比较常用的热电阻为铂电阻和铜电阻。金属铂容易提纯，在氧化性介质中具有很高的物理化学稳定性、良好的复制性，但价格较贵。如常见的铂电阻 Pt100，它的 $R_0 = 100\Omega$。金属铜易加工提纯，价格便宜，它的电阻温度系数很大，且电阻与温度呈线性关系，测温范围为 $-50 \sim +150\,℃$ 时具有很好的稳定性。工业上常用的铜电阻有两种，一种是 $R_0 = 50\Omega$，对应的分度号为 Cu50；另一种是 $R_0 = 100\Omega$，对应的分度号为 Cu100。

（3）位置传感器。自动机械的执行元件运动到一定位置，通过传感器感知到输入控制器，执行下一命令，也叫行程开关，常用的位置传感器分为接触式和接近式。

① 接触式行程开关：一种按执行机构的行程触动触头的通断，发出操作命令的位置开关，如图 5-22 所示，主要用于机床、自动生产线和其他设备的限位及流程控制。

② 接近式开关：利用位移传感器对接近物体的敏感特性，控制开关通断的装置。当有物体移向接近式开关并接近到一定距离时，位移传感器感知到物体，从而控制开关通断，开关一般为晶体管开关。它分为电感式、电容式和光电式。

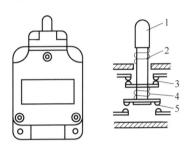

1—顶杆　2、4—弹簧　3—动断触头　5—动合触头

图 5-22　接触式行程开关结构

a. 电感式接近开关。由 LC 高频振荡器和放大处理电路组成。图 5-23 所示是其原理示意图。当金属物体靠近接近开关时，探头产生电磁振荡，金属物体内部会产生涡流。金属物体产生的涡流反作用于接近开关，使接近开关振荡能力衰减，内部电路的参数发生变化，开关状态发生变化，从而识别出金属物体。电感式接近开关也常称为涡流式接近开关。电感式接近开关反应灵敏，应用广泛。如颗粒糖果包装机块糖停机控制系统就是利用接近开关来检测缺糖状态的。

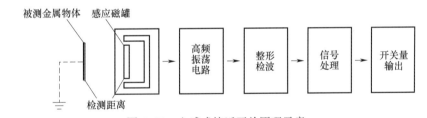

图 5-23　电感式接近开关原理示意

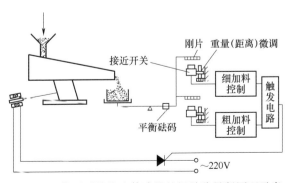

图 5-24　接近开关作为传感器的间歇称量秤原理示意

图 5-24 所示为接近开关作为传感器的间歇称量秤原理示意图。粗、细加料的微调，可由改变接近开关端面与钢片间的距离来实现。

b. 电容式接近开关。图 5-25 所示是其原理示意图，电容式接近开关的测量头通常是构成电容器的一个极板，而另一个极板是物体本身。当物体移向接近开关时，物体和接近开关的介电常数发生变化，使得和测量头相连的电路状态也随之发生变化，由此便可控制接近开关的接通和关断。电容传感器能检测金属物体，也能检测非金属物体，对金属物体可以获得最大的动作距离，对非金属物体的动作距离决定于材料的介电常数，材料的介电常数越大，可检测的动作距离越大。

电容式接近开关利用被检测物对光束的遮挡或反射来检测物体有无。物体不限于金属，所有能反射光线的物体均可被检测。

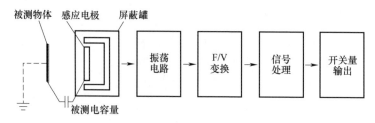

图 5-25　电容式接近开关原理示意

c. 光电式接近开关：将输入电流通过发射器转换为光信号射出，接收器再根据接收到的光线强弱或有无对目标物体进行探测。多数光电开关选用的是波长接近可见光的红外线光波型。它分为漫反射式、镜反射式和对射式三种。

漫反射式光电开关是集发射器和接收器于一体的传感器。镜反射式光电开关也集发射器与接收器于一体，发射器发出的光线经过反射镜反射回接收器。对射式光电开关的发射器和接收器在结构上相互分离，沿光轴相对放置，发射器发出的光线直接进入接收器。

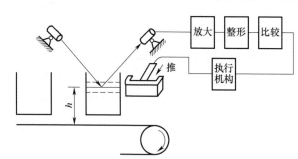

图 5-26　用光电检测控制充填高度的原理示意

用容积计量法包装的成品，除重量要求有一定的误差范围外，一般还对充填高度有要求，以保证商品的外在美观，不符合充填高度要求的成品将不允许出厂。图 5-26 所示为用光电检测控制充填高度的原理。当充填高度 h 的偏差太大时，光电接头没有电信号，即由执行机构（如电磁铁、电磁阀等）将该包装物品推出，另行处理。

5.4　常用的执行机构

执行机构是检测与控制系统中的重要机构，它能根据控制信号的内容，产生预定的输出力、运动方向、停止位置等。在执行机构中，直接受信号控制并执行信号指令的元件是执行元件，它是执行机构中的关键部件。根据使用能量的不同，常见执行元件的种类如图 5-27 所示。

电磁式是将电能变成电磁力，用电磁力驱动执行机构运动的。液压式是先将电能转变成液压能，并用电磁阀改变压力油的流向驱动液压执行机构，从而使它运动。气压式与液压式原理相同，介质是气体。其他类执行元件与使用材料有关，如双金属片、形状记忆合金或压电元件等。

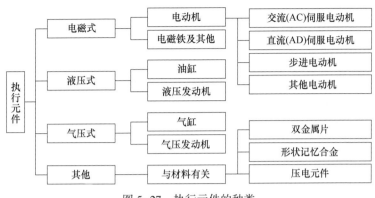

图 5-27　执行元件的种类

　　执行元件要做到动作灵敏，反应迅速，稳定可靠，易于控制。要求它惯性小，动力大，体积小，重量轻，易安装维修，能用计算机控制。这里介绍自动机械中常见的几种电磁式执行元件。

5.4.1　电磁铁

　　电磁铁是直线式执行机构中最简单和价廉的一种，但其动作速度无法控制，冲击力较大，行程较短，输出力有限，多用于作用力不大、行程较短、要求两个位置的场合。流体换向电控阀都装有电磁铁作为一次执行元件，还有第 3 章介绍的电磁振动供料装置也是利用电磁铁作为执行元件。

　　电磁铁有交流和直流两种。交流牵引电磁铁因是交流供电，为了减少磁滞及涡流损耗，铁心均用硅钢片叠成。线圈一般是并联的。直流螺管式电磁铁，因是直流供电，无磁滞与涡流损耗，铁心可用低碳钢或工业纯铁制成。

5.4.2　电磁离合器

　　离合器是机械传动中的一种用于轴和轴之间结合与分离的组件，其动力用电磁铁时叫作电磁离合器，常用来将电信号转换成机械动作，实现轴与轴的结合或分离。根据两轴的耦合方式，有两种常用的电磁离合器。

　　（1）盘式电磁离合器。图 5-28 所示为盘式电磁离合器的结构原理。输入轴 7 上装有可轴向滑动的右盘 6，在吸引线圈 4 中无电流通过时，右盘 6 借助弹簧 8 的弹力作用而与左盘 5 脱开。装有吸引线圈 4 的左盘固定在输出轴 1 上，并有 2、3 两滑环将线圈与控制电路（图中未画）相连接。吸引线圈未通电时，输入轴旋转而输出轴不转。吸引线圈通电时，电磁力将右盘吸向左盘，依靠两盘间的摩擦力，带动输出轴旋转。如将输出轴固定，则可用此离合器对输入轴起制动作用。

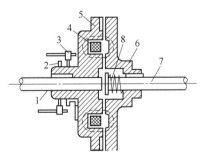

1—输出轴　2、3—滑环　4—吸引线圈
5—左盘　6—右盘　7—输入轴　8—弹簧
图 5-28　盘式电磁离合器的结构原理

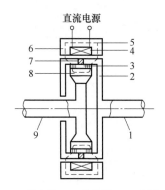

直流电源

1—输入轴　2—定转子　3—磁粉
4—线圈　5—磁路　6—定子　7—滑
环　8—输出转子　9—输出轴
图 5-29　磁粉离合器工作原理

（2）磁粉离合器。图 5-29 所示为磁粉离合器工作原理。输入轴 1 与定转子 2 相连，输出轴 9 与输出转子 8 相连，两转子之间封装着磁粉 3。定子 6 中装有线圈 4。线圈未通电时，输入轴转动的离心力作用使磁粉紧压在定转子 2 的内壁上，而与输出转子 8 之间存在间隙，输出轴 9 不转动。当定子线圈通电时，定子与转子之间形成磁路，如图 5-29 中虚线 5 所示。磁通通过磁粉时，每粒磁粉处于磁化状态，磁粉之间互相吸引和挤压，因此带动输出轴 9 转动。

磁粉离合器传递扭矩的大小可通过调节定子电流来调节。它可用于通、断、张力、位置、速度及制动的控制。

5.4.3　伺服电动机

在自动称量和商标光电定位等装置中，常采用能根据控制信号改变转速的伺服电动机。它与普通的交直流电动机的差别在于，能用简单的方法获得与输入信号相对应的转速变化，反应灵敏，适用于频繁启动、变速、反转、停止等场合。

伺服电动机在结构和性能上有许多特点，空载时单相供电能自制动，机械特性的非线性度较小（通常在 10%～15%），转矩保持恒定的条件下转速与控制信号成正比，控制信号恒定的条件下转矩与速度成反比，控制相单位输入功率的启动转矩大，电机时间常数小，启动电压低，耐过载、冲击与振动，以及环境适应能力强等。按所用电源种类分，有直流与交流伺服电动机两大类。

（1）直流伺服电动机。直流伺服电动机有两个绕组，即电枢绕组和励磁绕组。按励磁方式可分为他励式、并励式、串励式。图 5-30 所示为他励式伺服电动机接线图。

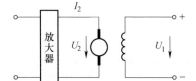

图 5-30　他励式伺服电动机接线

他励式磁绕组和电枢绕组分别由两个独立的电源供电，通常采用电枢绕组作为控制绕组，即励磁电压 U_1 一定，它所产生的磁通 Φ 也是定值，而将控制电压 U_2 加在电枢绕组上。

转速、转矩与控制电压三者之间的关系为：

$$n = \frac{U_2}{K_E \Phi} - \frac{R_a}{K_E K_M \Phi^2} M \tag{5-8}$$

式中　K_E，K_M——与电机结构有关的常数；

　　　　Φ——励磁磁通；

　　　　U_2——控制电压；

　　　　R_a——电枢绕组电阻；

　　　　M——负载扭矩。

由上式可知，K_E、K_M、R_a 为常量，当 U_2 不变时，Φ 也不变，此时在 M 不变的情况下，改变 U_2 即可改变电动机转速 n。当控制电压 $U_2 = 0$ 时，电动机马上停转；当 U_2 改变方向时，电动机马上反转。利用这种电枢电压控制方法，可得到启动转矩大、阻尼效果好、响应快及线性度好的结果。一般调速范围可达 1∶50。

　　另外，在直流伺服电动机中，有一种宽调速直流电动机（俗称大惯量电动机），是 20 世纪 70 年代发展起来的新型驱动元件，它在数字控制伺服系统中广泛应用。它的速比范围可达 1∶10000。

　　（2）交流伺服电动机。交流伺服电动机就是两相异步电动机，图 5-31（a）所示为具有杯形转子 5 的交流伺服电动机结构图。其外定子 4 上装有两个绕组，一个为励磁绕组 1，一个为控制绕组 2。装设内定子 3 是为了减小磁路的磁阻。

　　图 5-31（b）所示为该交流伺服电动机的接线图。U_c 和 U_f 同频率，但相位相差 90°，因此在旋转磁场的作用下，转子就旋转起来。当 U_f 一定而控制电压 U_c 变化时，转子的转速就相应变化。控制电压大，电动机转得快；控制电压小，电动机转得慢。当控制电压反相时，旋转磁场和转子也都反转。因此控制了控制电压的大小和方向就控制了电动机的转速大小和方向。当控制电压 $U_c=0$ 时，电动机立即停转。

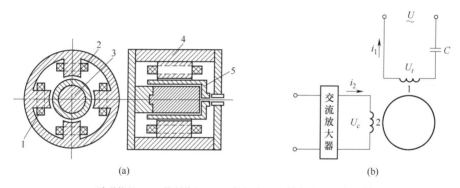

1—励磁绕组　2—控制绕组　3—内定子　4—外定子　5—杯形转子
图 5-31　交流伺服电动机结构及接线

　　交流伺服电动机和直流伺服电动机相比，有其独特的优点。直流伺服电动机具有电刷和整流子，尺寸较大且需经常维修，受使用环境影响；而交流伺服电动机则采用了全封闭无刷构造，结构紧凑、外形小、重量轻（只有同类直流伺服电动机的 75%～90%），环境适应能力强，不需要经常检查与维修。

5.4.4　步进电动机

　　伺服电动机虽然比一般电动机能接近完全忠实地执行命令，但它在转速低于 15～30r/min 时的运行很不稳定，停位精度也不高。

　　步进电动机可以将输入的数字信号精确地转化为与之成比例的位移，获得准确的速度和位移量，而且调速范围广，能稳定地在 1～2r/min 下运行，无过冲和振荡现象，是一种最理想的伺服机构。

　　步进电动机是一种将电脉冲信号转换为线位移或角位移的执行元件。一般电动机是连续转动的，而步进电动机则是每当电动机绕组接收到一个电脉冲时，转子就转过一个相应的角度（称为步距角）。低频运行时，明显可见电动机转轴是一步一步地转动的，因此称为步进电动机。步进电动机按励磁方式分为反应式（亦称可变磁阻式）、永磁式和感应子式，其中反应式应用较多。

图 5-32 所示为四相反应式步进电动机工作原理。定子上有 8 个均匀分布的磁极，磁极上有绕组，8 个磁极分成 4 对（称为四相），每个极上有 5 个小齿。转子上无绕组，但有 50 个均匀分布的小齿。定子与转子小齿的齿距角相等，但与每对定子小齿位置相差 1/4 齿角。当 A 相通电（B、C、D 相不通电）时，产生 A—A′ 轴线方向的磁通，并通过转子形成闭合回路，这时 A、A′ 就成为磁铁的 N、S 极，在磁场作用下，A、A′ 极的小齿与转子的小齿对齐，而 B、B′ 极上的小齿则与转子小齿差 1/4 齿距角，C、C′ 极则相差 1/2 齿距角，D、D′ 极相差 3/4 齿距角。当切断 A 相而只给 B 相通电时，转子会逆时针转过 1/4 齿距角，使转子小齿与 B、B′ 极小齿对齐。若电动机对定子按 A—B—C—D—A…… 顺序依次通断电，转子就会逆时针一步一步旋转。

图 5-32　四相反应式步进电动机工作原理

转子铁芯　定子铁芯　定子控制绕组

步距角为 $\theta = \dfrac{360°}{50 \times 4} = 1.8°$（相当于 1/4 齿距角）。

若按 A—D—C—B—A…… 顺序通断电，则转子会顺时针一步一步地旋转。

从一相通电换接到另一相通电称为一拍，上述换接 4 次完成一个通电循环称为四相单四拍运行方式。

改变通电方式，还可获得其他运行方式。如按 AB—B—C—D—AB…… 两极同时顺序依次通断电，称为四相双四拍运行方式，其步距角仍为 1.8°。如按 A—AB—B—BC—C—CD—D—DA—A…… 顺序通断电，称为四相八拍运行方式，其步距角为 0.9°（1/8 齿距角）。

在实际应用中，要求步进电动机有较小的步距角，常用的有 3°、1.5°、0.75° 等。为了获得较小的步距角，除增加转子与定子的齿数外，还可采用多极型（轴向分相型）的方法。

步进电动机转过的总角度与输入的脉冲数成正比，而它的转速则与脉冲频率成正比。步进电机一般用于开环伺服系统，也可用于闭环伺服系统。由于步进电动机控制简单、定位精度较高、成本低，目前在自动机械中应用广泛。

5.5　控制系统应用实例

5.5.1　膏管灌装机商标对准控制系统

膏管在灌装后，膏管尾端在夹扁时，其平面必须与商标一致，如图 5-33（a）所示，以实现较高的外观质量。

图 5-33（b）所示为膏管灌装机上的商标对准控制系统，采用光电控制。应用较多的是牙膏管和药管，当灌装好的牙膏送到牙膏管尾端夹扁工位时，凸轮通过杠杆将牙膏带底座从支架 2 上托起，由步进电动机 4 带动慢速旋转，当牙膏管上的印刷标记 3（代表商标位置）与光电接头对准时，有色标记将无反射光，光电接收头即发出信号，通过放大、整形后，控制步进电动机 4 迅速停止转动，在此位置进行牙膏管尾夹扁即能与商标在同一平

面上。

5.5.2 包装机薄膜位置控制系统

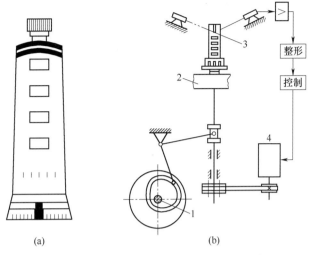

图 5-34 所示为某包装机的薄膜位置控制系统。薄膜卷筒 4 上印有商标和文字，并印有定位用的色标。包装时要求商标及文字定位准确，不得将图案在当中切断。

薄膜上商标的位置由光电系统检测，并经放大后去控制电磁离合器 6。薄膜上的色标（不透光的一小块面积）未到达定位色标位置时，光电系统因投光器的光线能透

1—分配轴　2—支架　3—印刷标记　4—步进电动机

图 5-33　膏管灌装机商标对准控制系统

过薄膜而使电磁离合器 6 有电而吸合，薄膜得以继续运动。薄膜上的色标到达定位色标位置时，因投光器的光线被色标挡住而发出到位的信号，此信号经变换放大后使电磁离合器断电脱开，薄膜就准确地停在该位置，待切断后再继续运动。

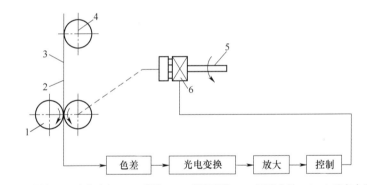

1—进给轮　2—定位色标　3—薄膜　4—薄膜卷筒　5—机器主轴　6—电磁离合器

图 5-34　某包装机薄膜位置控制系统

5.5.3　光电式检测纠偏控制装置

在包装、印染、造纸、胶片、磁带、塑料薄膜等卷带生产和使用过程中，容易发生卷带材跑偏。卷带材跑偏时，边缘常与传送机械发生摩擦和碰撞，易出现卷边，成为废品。

图 5-35 所示为光电式边缘位置检测纠偏装置控制原理。装置由光电检测器 7、光源 8、透镜 9、透镜 10、光敏电阻 11、遮光罩 12 等组成。光源 8（聚光灯泡光、LED、激光等）发出的光线，经透镜 9 汇聚为平行光束投向透镜 10，再进一步汇聚在光敏电阻 11（即 R_1）上，在平行光束到达透镜 10 的途中，有部分光线受到被测卷带材 1 的遮挡，从而使到达光敏电阻 11 的光通量 Φ 减少。安装调试光电检测器 7 时，当卷带材处于正确位置（中间位置）时，卷带材正好遮住一半平行光束。当带材左偏时，遮挡平行光束减少，光敏电阻 11

得到的光通量 Φ 增加，其阻值减少，该信号将通过 U_0 传入电磁线圈和比例调节阀，使活塞 5 带动带材向右移动跑正；当带材右偏时，遮挡平行光束增多，光敏电阻 11 得到光通量 Φ 减少，其阻值增加，该信号将通过 U_0 传入电磁线圈和比例调节阀，使活塞 5 移动滑台 6 带动带材向左移动跑正。

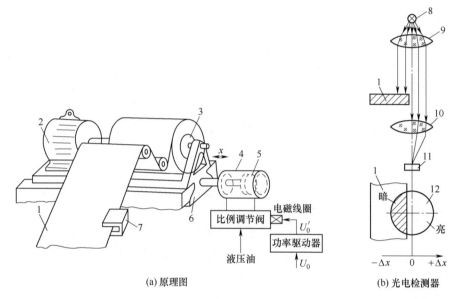

(a) 原理图   (b) 光电检测器

1—被测卷带材 2—卷取电动机 3—卷取辊 4—液压缸 5—活塞 6—滑台 7—光电检测器
8—光源 9—透镜 10—透镜 11—光敏电阻 12—遮光罩

图 5-35 光电式边缘位置检测纠偏装置控制原理

思考及综合分析题

1. 简述控制技术的各类型及特点。
2. 简述计算机控制技术的功能。
3. 控制系统的基本功能是什么？通常由哪几部分构成？各部分有何作用？
4. 检测装置中常用的传感器有哪些？各有何作用？
5. 自动机与自动线中常用的执行元件有哪些？各有何特点？
6. 简述 PLC 的组成部分和作用？
7. PLC 常用编程语言有哪些？各有什么特点？
8. 以行业中典型机电一体化生产线为例，说明你所知道的自动机械或自动线控制系统的原理。

第6章　典型自动机械应用

前面几章对自动机械设计及自动生产线的基本理论知识做了阐述，对自动机械的常用装置进行了结构分析，同时介绍了自动机械检测与控制的基本知识。

本章主要介绍几种典型的轻工业自动机械的工作原理、工艺结构、应用特点等，是前面所学知识的综合运用。

6.1　塑料注射成型机

塑料制品在日常生产生活中使用广泛，制品一般要经过塑料成型加工。塑料成型方法主要有挤出成型、注塑成型、压延成型、压缩模塑成型等。注塑成型也叫注射成型，是热塑性塑料的主要成型方法之一，大量的工业配件和生活用品都是通过这种方法获得的。

塑料加热熔化注射成型机是塑料成型加工中使用比较广泛的设备，通常按每次工作的最大注射量分类。本节介绍普遍使用的 HTW-300 型塑料注射成型机，属于自动成型机械。

6.1.1　技术特征与工艺流程

（1）主要技术特征。图 6-1 所示是 HTW-300 型注射成型机外形简图，其主要技术参数见表 6-1。

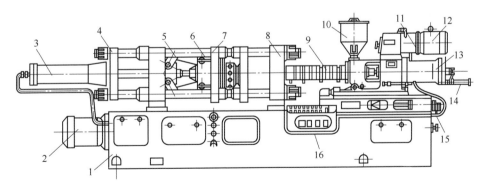

1—机身　2—油泵电动机　3—合模油缸　4、8—固定板　5—合模机构　6—拉杆　7—活动模板　9—塑化机筒
10—料斗　11—减速箱　12—电动机　13—注射油缸　14—计量装置　15—移动油缸　16—操作台
图 6-1　注射成型机外形简图

（2）工艺流程。塑料成型加工一般包括使物料熔化或软化，呈现流动性或可塑性；赋予制品一定的形状；对于某些塑料，从单体或低分子化合物开始，按照一定的程序进行反应，

表 6-1   HTW-300 型机主要技术参数

主要技术参数	参数值	主要技术参数	参数值
最大注射量/cm³	300	最大注射面积/cm²	500
螺杆直径/mm	55	模具高度(最大×最小)/mm	350×200
注射压力/MPa	130	拉杆间距/mm	295×373
注射行程/mm	160	模板行程/mm	500
注射时间/s	2.0	注射方式/合模方式	螺杆式/液压-曲肘式
螺杆转数/(r/min)	25、30、40、60、90	机器重量/kg	4500
锁模力/kN	1800	机器外形尺寸(长×宽×高)/mm	4700×1000×1820

制成所需要的材料或制品；通过加工操作，利用原辅材料的物理性质达到塑性改性的目的。图 6-2 所示为注射成型工艺流程。

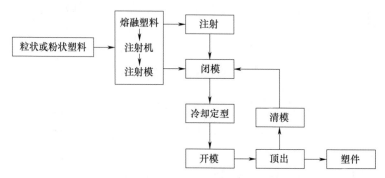

图 6-2   注射工艺流程

整个注射成型进程由 3 个阶段组成，如图 6-3 所示。

① 合模、注射。粉粒状态的塑料原料被输送机送到料斗 3 中，落入料斗下面的螺杆 4 内，螺杆均匀连续地向前输送物料，在输送的同时逐渐压实物料，机筒 5 外设有加热装置 8。在螺杆剪切热的作用下，物料被加热到黏流状态，随着螺杆头部物料的积聚，压力逐渐升高。当压力升高到一定值时，压力阀换向，注射油缸活塞退回带动螺杆后退，对螺杆头部物料进行计量。螺杆退回到一定位置时，其头部的熔料量增多到所需的注射量，限位开关动作，螺杆停止后退并停止转动，预塑完毕。

合模机构在合模油缸的推动下移动模板使模具 6 闭合，注射座前移，喷嘴 7 对准模具的主浇道口，然后注射油缸切换，带动螺杆按照要求的注射压力和注射速度将熔料注射到模腔中，注射完毕，第一阶段完成。

② 保压、降温定型。熔料注射到模腔后，螺杆仍在转动，不断向模腔内补充制品，冷却收缩所需要的物料，同时对熔料保持一定的压力，防止腔内熔料反流。

③ 预塑、制品脱模。当模腔内的熔料冷却定型后，主浇道口关闭，螺杆 4 开始加料预塑。合模油缸移动模板使模具 6 打开，顶出机构将制品顶出，完成一个注射成型过程。

6.1.2   主要组成结构分析

根据注射成型的工艺过程，一般将塑料注射成型机组成结构分为 3 大部分：注射装置、合模装置、液压和电气控制系统。

（1）注射装置。如图 6-4 所示是 HTW-300 型塑料注射成型机的注射装置结构简图。注

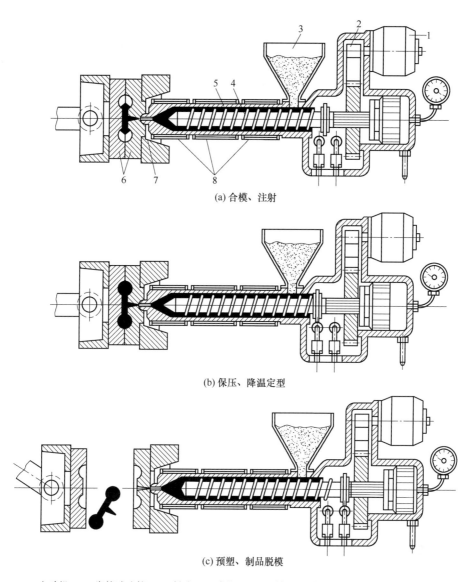

(a) 合模、注射

(b) 保压、降温定型

(c) 预塑、制品脱模

1—电动机　2—齿轮减速箱　3—料斗　4—螺杆　5—机筒　6—模具　7—喷嘴　8—加热装置

图 6-3　注塑成型工艺顺序示意

射装置主要由螺杆驱动装置、塑化部件（机筒、螺杆、喷嘴等）、料斗、计量装置、注射油缸、注射座移动油缸等组成。其作用是将塑料均匀地塑化，以足够的压力和速度将一定量的熔料注射到模具的型腔中。

　　注射螺杆 3 由电动机 7 经齿轮变速箱 6 驱动回转，在注射油缸 10 的活塞与螺杆连接处设有止推轴承，防止油缸活塞随着螺杆转动。背压阀和行程开关安装在螺钉 9 处，用来调节螺杆的背压。当熔融态的塑料达到要求的注射量时，计量头压合行程开关，使电动机与齿轮变速箱之间的离合器分离，螺杆便停止转动。此时压力油进入注射油缸，推动注射油缸活塞和注射座前移，喷嘴 1 贴紧模具上的浇口实现注射动作。注射座移动油缸 12 安装在注射座 14 之下，注射座沿着注射架导轨往复移动，使喷嘴和模具离开或紧密地贴合。

　　图 6-5 所示是驱动螺杆传动示意图，由电动机 3 经齿轮减速箱减速传动，使螺杆 1 转动。

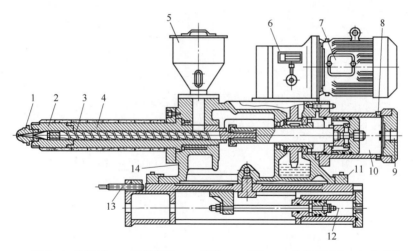

1—喷嘴 2—加热器 3—注射螺杆 4—料筒 5—料斗 6—齿轮变速箱 7—电动机
8、9、13—螺钉 10—注射油缸 11—压板 12—注射座移动油缸 14—注射座

图 6-4   HTW-300 型塑料注射成型机的注射装置结构

（2）合模装置。合模装置的主要作用是保证成型模具可靠地闭合，实现模具的开闭动作。注射过程中，进入模腔中的熔料有一定的压力，要求合模装置必须符合下列要求。

① 有足够的夹紧力即锁模力，也叫合模力，防止模具在熔料作用下打开。

② 足够的模板面积、模板行程、模板间开距，以满足不同制品的尺寸要求。

③ 合理的模板运动速度。合模时应先快速后慢速，开模时应按照"慢—快—慢"节奏运动，防止模具间的冲击性碰撞，实现制品平稳顶出。

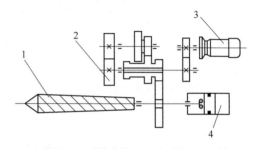

1—螺杆 2—配换齿轮 3—电动机 4—油缸
图 6-5   驱动螺杆传动示意

④ 合模装置的开启、闭合，应有安全保护措施，保证操作员工的安全。

合模装置的结构型式有液压式、液压-曲肘式两大类。液压-曲肘式合模装置又分为液压-单曲肘和液压-双曲肘。液压-双曲肘合模装置锁模力大，工作稳定。

图 6-6 是常见的液压-双曲肘式合模装置结构简图。其主要组成零部件有：合模油缸、活塞杆、曲肘连杆、调整连杆、顶出杆装置、顶出杆、移动模板、拉杆、固定模板等。

合模油缸 1 安装在固定机件上，当压力油从油缸活塞的左端进油时，推动活塞杆右移，在曲肘连杆 3 和调整连杆 4 的作用下，带动移动模板 7 前移，完成锁紧模具动作（图中上半部分所示终止位置）；开模时，压力油从合模油缸 1 活塞的右端进油，推动活塞杆 2 左移，将曲肘连杆 3 拉回，带动移动模板 7 后退，完成开模动作（图 6-6 中下半部分所示起始位置）。图 6-7 是合模装置的机构运动简图，与图 6-6 上下对应，其中图 6-6（a）为合模机构终止位置，图 6-6（b）为合模机构起始位置。

该合模装置具有如下特点。

① 合模工作平稳。在曲肘连杆的作用下，合模时模板的运动速度由快到慢，开模时模板的运动由慢变快，合模无撞击，开模平稳。

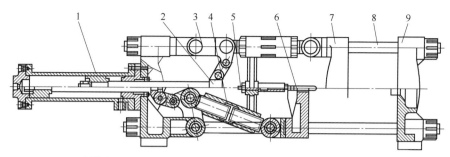

1—合模油缸　2—活塞杆　3—曲肘连杆　4—调整连杆　5—顶出杆装置

6—顶出杆　7—移动模板　8—拉杆　9—固定模板

图 6-6　液压-双曲肘式合模装置结构

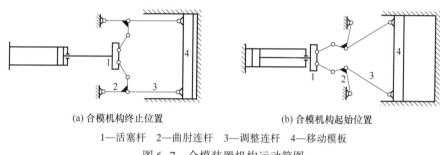

(a) 合模机构终止位置　　　　　　　　　(b) 合模机构起始位置

1—活塞杆　2—曲肘连杆　3—调整连杆　4—移动模板

图 6-7　合模装置机构运动简图

② 有可靠的锁模力。利用连杆机构的死点特性，油缸卸载时锁模力不会随之变化，整个系统处于自锁状态。

③ 传动机构较复杂，运动副多，调整困难，对零件的加工精度要求较高。

（3）液压和电气控制系统。图 6-8 所示是 HTW-300 型塑料注射成型机液压传动路线示意图。

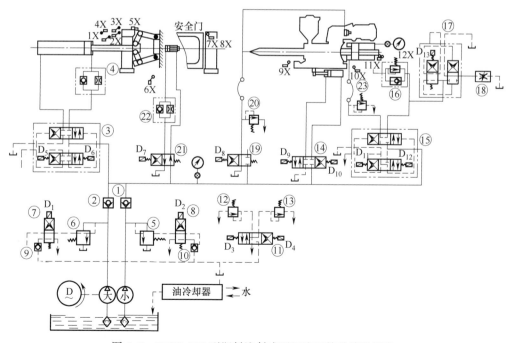

图 6-8　HTW-300 型塑料注射成型机液压传动路线示意

由电动机驱动双联叶片泵，叶片泵的额定工作压力为 6.5MPa，泵的输油量分别为 180L/min 和 12L/min，两台泵可以同时或分别单独向输油管路输送液压油。

对照图 6-8 所示，该塑料注射成型机工作流程与液压控制系统运行情况见表 6-2。

表 6-2　　　　　HTW-300 型塑料注射成型机工作流程与液压控制系统运行情况

工作流程	动作及控制	运行状况
（1）合模	①慢速合模：电磁铁 D_2、D_5 通电，大泵卸载	小泵压力油经单向阀①→三位四通换向阀②→进入合模油缸中活塞左腔；同时，右腔内的油经单向阀④→三位四通换向阀③→进入油冷却器→回油箱。压力油推动活塞右移，使曲肘连杆伸展，合模开始
	②快速合模：电磁铁 D_1、D_2、D_5 通电	大小泵同时向液压油管路输送压力油，经慢速合模油路实现快速合模。曲肘达到自锁位置，连杆的伸展使模具紧密贴合
（2）注射机座前移	电磁铁 D_2、D_5、D_9 通电，大泵卸载	小泵压力油经单向阀①→换向阀⑭→进入移动油缸中活塞的右腔；活塞左腔油经控制阀⑭→回到油箱 机座左移，喷嘴与模具衬套口紧密贴合
（3）注射	①一级注射：电磁铁 D_1、D_2、D_3、D_5、D_9、D_{12} 通电	大小泵压力油经单向阀→②①三位四通换向阀⑮→单向阀⑯→进入注射油缸活塞的右腔，推动活塞左移，开始熔融料注射 注射压力由调压阀⑬调节
	②二级注射（快→慢）：快速时，限位开关 11 被压下时，电磁铁 D_1、D_2、D_3、D_5、D_9、D_{12} 通电	大小泵压力油经单向阀②①→三位四通换向阀⑮→单向阀⑯→进入注射油缸活塞的右腔，推动活塞左移，快速注射。快速注射压力由调压阀⑬调节。 慢速时，注射过程中，限位开关 11 升起，电磁铁 D_1、D_2、D_4、D_5、D_9、D_{12}、D_{13} 通电。大小泵压力油经单向阀②①→三位四通换向阀⑮→一部分经单向阀⑯→进入注射油缸活塞的右腔，推动活塞慢速注射；另一部分经二位四通换向阀⑰→节流阀⑱→回油箱。慢速注射压力由调压阀⑫调节。调压阀⑬的压力值比调压阀⑫的压力值大些
	③二级注射（慢→快）	在启动主命令开关后进行，动作与上述步骤相反
（4）保压	电磁铁 D_2、D_4、D_5、D_9、D_{12} 通电	小泵压力油经单向阀①→三位四通换向阀⑮→单向阀⑯→进入注射油缸活塞的右腔，保压。保压油压力由调压阀⑫调节。 一部分压力油进入注射油缸，同时有一部分经溢流阀回油箱
（5）注射机座后退	电磁铁 D_2、D_{10} 通电	小泵压力油经单向阀①→换向阀⑭→进入移动油缸中活塞的左腔→活塞右移，推动机座后退
（6）预塑化螺杆移动	电磁铁 D_2、D_8 通电	小泵压力油经单向阀①→二位四通换向阀⑲→进入液压离合器小油缸，推动活塞，离合器连接电动机与齿轮减速箱，带动螺杆转动，预塑化制品用料。此时，注射油缸中活塞右腔的油在熔融料的反压作用下，经背压单向调节阀⑯→三位四通换向阀⑮→油冷却箱→回油箱 预塑化时螺杆的背压由单向调节阀⑯调节，通向离合器的油压力由溢流阀⑳调节
（7）开模	①快速开模，电磁铁 D_1、D_2、D_6 通电	大小泵压力油经单向阀②①→三位四通换向阀③→单向调节阀④→进入合模油缸中活塞右腔，同时活塞左腔油经三位四通换向阀③→油冷却箱→回油箱，活塞快速左移。该动作中合模并没有打开，而是拉动曲肘连杆从自锁位置落下

续表

工作流程	动作及控制	运行状况
（7）开模	②慢速开模	在快速开模动作活塞左移时，限位开关 3X 脱开后，电磁铁 D_1 断电，D_2、D_6 通电，大泵卸载，实现慢速开模
	③快速开模	活塞左移，慢速开模中，限位开关 6X 脱开后，电磁铁 D_1、D_2、D_6 通电。大小泵同时向开模油路输送压力油，实现快速开模
	④再慢速开模	在开模左移行程中，碰到限位开关 4X 时，电磁铁 D_1 断电，大泵经溢流阀⑥卸载。仅由小泵供开模油缸压力油，开模速度变慢
	⑤开模运动停止	慢开模行程中，碰到限位开关 1X 时，电磁铁 D_2 断电，小泵压力油经过溢流阀⑤→二位四通换向阀⑧→回油箱。开模油缸停止移动
（8）制品顶出	①顶杆右移顶出制品。开模过程碰到限位开关 2X 时，电磁铁 D_7 通电	压力油经二位四通换向阀㉑→单向调节阀㉒→进入顶出油缸中活塞左腔，活塞顶杆右移顶出制品。活塞右腔油，经二位四通换向阀㉑→油冷却箱→回油箱
	②顶杆左移后退，开模停止，电磁铁 D_7 断电	压力油经二位四通换向阀㉑→进入顶出油缸中活塞右腔，活塞顶杆左移退回。顶出油缸活塞左腔油，经单向调节阀㉒→二位四通换向阀㉑→油冷却箱→回油箱
（9）螺杆退回	电磁铁 D_2、D_{11} 通电	小泵压力油经单向阀①→三位四通换向阀⑮→进入注射油缸中活塞的左腔，推动活塞右移，使螺杆跟着右移后退

6.1.3　注射机的操作及应用

（1）调整操作。注射机的调整操作也叫点动操作，是指注射机各部分的工作运动在按住相应的按钮开关时才能慢速动作，手指一旦离开按钮，动作即停止。这种操作主要应用在模具的安装调整、试验、检验某一部位的运动及维修拆卸螺杆时。

（2）手动操作。手动操作是指用手指按住某一按钮，其相应控制的某一零部件开始运动，直至完成动作才停止。不再按此按钮，就不再出现重复动作。这种操作应用在模具安装好后的试生产时，用于对模具装配质量、锁模力的大小进行调试等方面。生产过程中的某些特殊情况也可以采用此操作。

（3）半自动操作。半自动操作是指注射机的安全门关闭后，制品的各个生产动作由继电器和限位开关控制，机器按照预先调整好的程序动作顺序进行，直到制品成型，打开安全门，取出制品。这种操作应用在批量生产某一制品时。需经常检修机器的零部件工作情况，保证各个部分能够协调准确地工作。

（4）全自动操作。全自动操作是指注射机的电气控制系统采用编程控制，按照一定的程序运作，机器一旦进入生产状态，无须操作人员的参与，便完成塑料制品的注塑加工全过程。这种操作应用于机器自动化程度要求较高、生产批量比较大的场合。

6.2　含气液体灌装封口机

目前，我国工业生产中所使用的液体灌装封口机，规格呈系列化趋势，其灌装阀工位数

（也称灌装头数）多为72头、84头、100头、120头等，大型灌装封盖机的灌装头数超过156头，封口工位数一般为灌装头数的1/6~1/5。

下面以常用的GFP-100/18型含气液体灌装封口机为例，介绍其工作原理、工艺结构等基本知识，本机属于自动包装机械。

6.2.1　技术特征与工作原理

（1）主要技术特征。GFP-100/18型含气液体灌装封口机主要用于含气液体的瓶装饮料及皇冠盖的压盖封口，它以二氧化碳（CO_2）气体作背压，具有二次预抽真空性能。

其主要技术参数见表6-3，图6-9所示是其外形结构简图。

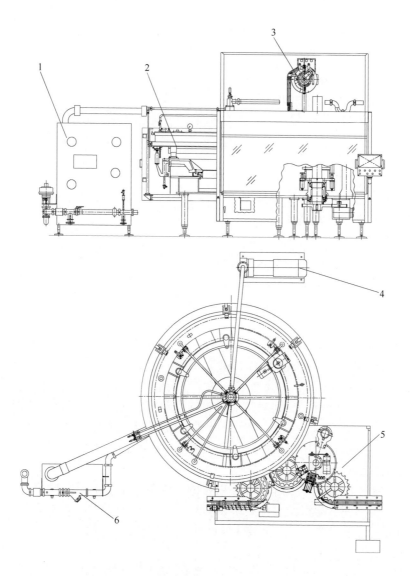

1—控制部分　2—灌装机部分　3—封盖机部分　4—真空泵　5—工作台　6—管路及输送装置

图6-9　GFP-100/18含气液体灌装封口机外形简图

表 6-3　　　　　　　　GFP-100/18 型含气液体灌装封口机主要技术参数

主要技术参数	参数值	主要技术参数	参数值
公称生产能力(二次抽真空,640mL 容量瓶)/(瓶/h)	32000	适用瓶盖:皇冠盖	GB 4544—2020
		灌装温度/℃	0~4
灌装头数/封盖头数/个	100/18	灌装压力/Pa	$1.4 \times 10^5 \sim 3.5 \times 10^5$
灌装头/封盖头节距/mm	30π	瓶底位置标高/mm	1150~1300
灌装头/封盖头分布圆直径/mm	3000/540	整机总功率/kW	40
适用瓶高/mm	130~350	整机总重量/kg	16000
适用瓶径/mm	52~82		

（2）工作原理。图 6-10 所示是 GFP-100/18 型含气液体灌装封口机灌装阀的工艺流程图。图 6-10（a）为预抽真空。瓶内压力逐渐下降，压力变化呈 I 区域内所示曲线状态。图 6-10（b）为充气等压。瓶内压力逐渐升高，直到上升至灌装时的等压要求，压力变化呈 II 区域内所示曲线状态。图 6-10（c）为灌装排气。装料期间瓶内压力始终保持在等压条件下，压力曲线呈 III 区域内所示直线状态。图 6-10（d）为液满卸压。灌装结束，瓶内充满一定量的物料，瓶颈部分气体被缓慢卸出，瓶内压力呈 IV 区域内所示曲线状态。

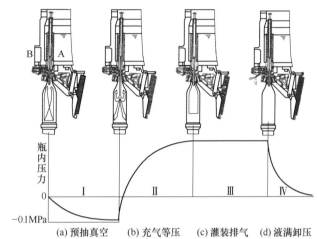

图 6-10　GFP-100/18 型含气液体灌装封口机灌装阀工艺流程

图 6-11 是该机容器（瓶子）运行路线示意图。按照容器的运行路线，围绕灌装阀的工艺流程完成其工作过程：清洁干净的空瓶从生产线的输瓶带上被送进本机的螺旋分瓶输送器

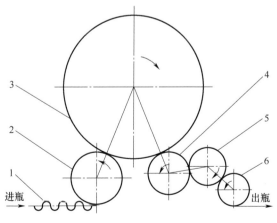

1—螺旋分瓶输送器　2—进瓶星轮　3—灌装主体
4—中间星轮　5—封盖主体　6—出瓶星轮
图 6-11　GFP-100/18 含气液体灌装
封口机容器运行路线示意图

1，按一定的间距被分隔后送入进瓶星轮 2，由匀速回转的进瓶星轮 2 将瓶子拨送到灌装机的托瓶气缸上，托瓶气缸与灌装阀同速回转，且一一对应分布。托瓶气缸在压缩空气的作用下将空瓶抬起，使灌装阀中心管插入空瓶内，由定中装置定位，空瓶对准灌装阀完成预抽真空—充气等压—灌装排气—液满卸压的工艺流程。整个灌装过程完成后，迫降凸轮将托瓶气缸压下，灌料后实瓶经中间星轮 4 被拨送到压盖机的瓶托上，由压盖机完成封盖作业，最后由出瓶星轮 6 将实瓶送出本机，进入出瓶输送带上，送入生产线的下一工序。

6.2.2 主要组成结构分析

通常将灌装压盖机划分为 4 大部分，即工作台总成、灌装体、封盖体和控制系统。

a. 工作台总成：包括工作台面上部和台面下部。台面上部安装容器输送组件，包括进瓶星轮、中间星轮、出瓶星轮、螺旋分瓶输送器、止瓶星轮装置、输瓶链道组件等；台面下部安装主传动系统、安全离合系统、润滑系统等。

b. 灌装体：包括灌装阀、托瓶气缸、定中装置、供料装置、储液缸、回转台、高度调节装置等。

c. 封盖体：本机采用压盖方式，因此也称压盖体，包括压盖机体、压盖头、搅拌理盖器、瓶盖通道、反盖纠正器、供盖系统等。

d. 控制系统：包括电气控制和气液控制部分，分别安装在电控柜和气液控制柜中。

下面对其主要零部件的结构特点加以介绍。

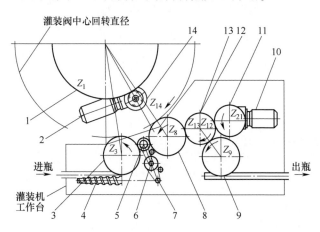

1—大齿轮 2—灌装体电动机 3、8、9、11~13—齿轮
4—螺旋分瓶输送器 5、6—同步带轮 7—中间传动轴
10—压盖体电动机 14—小齿轮

图 6-12 GFP-100/18 型含气液体灌装封口机传动系统示意

（1）传动系统。图 6-12 所示是 GFP-100/18 型含气液体灌装封口机传动系统示意图，该机由双动力驱动，采用 PLC 和变频调速控制，实现整机的同步运行工作。

灌装主体由带有减速器的灌浆体电动机 2 驱动，小齿轮 14 安装在减速器的输出轴上，与大齿轮 1 啮合传动，由大齿轮 1 带动灌装机主体部分运动。压盖主体由带有减速器的压盖体电动机 10 驱动齿轮 11，齿轮 11 与齿轮 12 啮合带动压盖机运动；齿轮 13 与齿轮 12 同轴安装，由齿轮 13 分别驱动齿轮 8 和 9，带动中间星轮和出瓶星轮回转；齿轮 8 驱动与同步带轮 5 同轴安装的另一小齿轮，驱动齿轮 3 运动，由齿轮 3 带动进瓶星轮回转。螺旋分瓶输送器 4 的动力来自于同步带轮 5 及 6 和中间传动轴 7。

整机的进出瓶输送带须与灌装主体保持同步运行，由螺旋分瓶输送器轴通过锥齿轮及一对正齿轮驱动，该正齿轮安装在工作台面之上的进瓶传动装置内（图中未画出）。

生产能力较小的灌装封盖机，由于灌装阀工位数较少，整机外形小，灌装部分和压盖部分通常采用同一可调速电动机带动，经过一级皮带轮传动，再经蜗杆蜗轮减速后由齿轮按照一定的传动比传动到各执行机构。

（2）灌装阀。灌装阀是液体灌装封口机的核心部件，图 6-13 所示是该机的一种灌装阀结构简图。

灌装阀的灌装工艺过程主要有预抽真空、充气等压、灌装排气及液满卸压。

① 预抽真空。瓶子由托瓶装置升起，瓶口紧压对中罩 9，真空阀 13 受操纵机构作用打

开，将瓶子与真空室 14 连通，使瓶内空气排出。

② 充气等压。灌装阀中的气阀托叉 1 受操纵机构作用提升，将气阀杆 4 上提，开启气阀通道，储液缸中的压力气体（CO_2）通过气阀被充入瓶内，当瓶内的压力与储液缸 15 液面上的压力相等时，即实现等压条件。

③ 灌装排气。在等压状态下，液阀弹簧 3 自动打开液阀芯 6，料液靠自重沿中心管外壁灌入瓶内，同时瓶内气体被置换从回气管 11 返回储液缸 15，这一过程即灌装排气。

④ 液满卸压。当注液量达到一定位置封住中心管下端时，由于连通的作用，料液沿回气管上升一小段直至达到平衡。此时，卸压阀 12 受操纵机构作用打开阀门，卸除瓶内残留压力气体，使其降至常压，注液过程即完成。卸压的目的是防止液阀被关闭后，在瓶口离开灌装阀的瞬间，瓶内液面上的残留气体因瞬间压力变化太大，将液体压出或发生喷溢现象。

分流环 10 也叫梳酒罩，其作用是灌注时将料液分散，使其均匀地沿瓶壁进入瓶内，否则料液会出现起泡现象，影响正常灌装。

（3）供料装置。供料装置主要由环形储液缸、分配头、液面控制浮阀等组成。灌装机工作时，环形储液缸做回转运动，而输料管固定安装，分配头在料液的正常供送和气路转换过程中起着关键的作用，图 6-14 所示是供料装置的分配头结构简图。

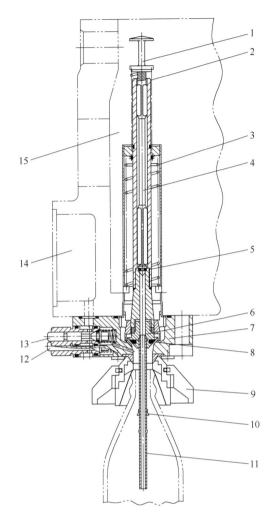

1—气阀托叉　2—气阀弹簧　3—液阀弹簧　4—气阀杆
5—气阀密封　6—液阀芯　7—阀座　8—液阀密封
9—对中罩　10—分流环　11—回气管　12—卸压阀
13—真空阀　14—真空室　15—储液缸
图 6-13　GFP-100/18 型含气液体
灌装封口机的灌装阀结构简图

如图 6-14 所示，料缸底盘 1 和管座 3 固连，管座与储液缸一起回转，导流套 5 和输料液中心管 9 固连，并安装在固定机座上，导流套 5 与管座内孔采用动配合，管座 3 旋转时，可与导流套 5 上加工的环道相互配合，实现气体通道的连通和转换。设置多层橡胶密封圈的目的是防止液料和气体的外流和相互渗透。料液由输料液中心管 9 自下而上送入，由连通在管座上的几根输料液支管 2 流入环形储液缸。压入气体由进气管 8 送入，经过导流套 5 内的孔道及管座内孔的环道后分为两路，一路经充气管 11 进入背压气室，用作灌装充气；另一路经平衡气管 6 输出，作为预充气及控制浮球阀用气。预充气是指含气液体供送到环形储液缸之前，先以 CO_2 气体（或无菌气体）注入储液缸，在缸内建立一定的压力状态，否则，

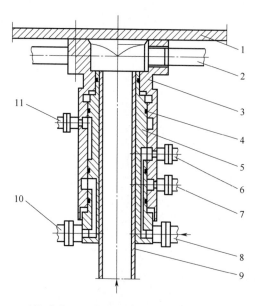

1—料缸底盘　2—输料液支管　3—管座　4—密封圈
5—导流套　6—平衡气管　7—回气管　8—进气管
9—输料液中心管　10—回气总管　11—充气管
图6-14　供料装置的分配头结构

液态料注入缸内时会由于压力突降而大量起泡，产生大的波动。

当储料缸内预充气压力达到设定值时，预充气阀关闭，输料阀门开启，料液经由输料液中心管9送入储料缸。为了保证灌装过程中缸内液面始终保持在一定的高度，在储料缸内设置有高、低位液位浮球阀控制装置，如图6-15所示。

高液位浮球通过摆杆10与滑套9相连，浮球升降可以使滑套移动，带动密封件8开启或关闭进气孔道；低液位浮球7通过摆臂6带动密封胶5，浮球升降可控制密封胶5关闭或开启气嘴4。当缸内液面过高即进液量过多时，说明缸内气量减少、气压偏低，此时高位控制浮阀因上升而打开进气阀，使气体经进气阀注入储液缸，缸内气压即上升，阻止过量进液；如果缸内液面过低即进液量过少时，说明缸内气量增加、气压偏高，此时低位控制浮阀即打开放气阀，将缸内部分气体排放出去，缸内气压随即下降，增大进液量，缸内液面即上升。

供料系统的输液管采用圆形不锈钢管，其内径可以根据下式求得：

$$d=\sqrt{\frac{4q_v}{\pi\mu}} \tag{6-1}$$

其中 $q_v=(m_b\times Q_{max})/(3600\times\rho)$

式中　d——输液管内径（m）；

　　　q_v——料液在管内的体积流量（m³/s）；

　　　μ——料液在管内的流速（m/s），根据资料手册查取；

　　　m_b——每瓶灌装液体的质量（kg/瓶）；

　　　Q_{max}——灌装机最大生产能力（瓶/h）；

　　　ρ——灌装液料的密度（kg/m³）。

根据式（6-1）计算的结果，须根据不锈钢管的规格圆整取标准值。

（4）托瓶装置。含气液体灌装封盖机的托瓶装置采用压

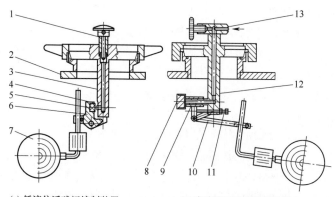

(a) 低液位浮球阀控制装置　　(b) 高液位浮球阀控制装置

1—排气孔　2—料缸盖　3—排气阀体　4—气嘴　5—密封胶
6—摆臂　7—浮球　8—密封件　9—滑套　10—摆杆
11—调节螺杆　12—进气阀体　13—进气孔
图6-15　储液缸液位控制装置

缩空气作动力，习惯称作托瓶气缸。GFP-100/18 型机托瓶装置采用气动与机械组合式结构，它按照一定的程序将瓶子托起，使瓶口与灌装头紧密接触进行灌装，装料完毕使瓶子下降并与灌装头脱离。灌装机工作过程中，托瓶装置必须运行平稳、准确、安全。

图 6-16 所示是托瓶装置结构简图。该装置主要由滚轮夹持器 3、外缸体 4、内缸体 5、导套 6、"V" 形环 7 及托瓶板 8 等零件组成。内缸体用螺帽 2 固定在压缩空气环 1 上，外缸体的上部装有托瓶板 8，可沿内缸体上部的导套 6 滑动，滚轮夹持器 3 及其上的滚轮与另一件导套固定在外缸体 4 的下端。

升瓶动作由压缩空气输入压缩空气环 1 来实现：压缩空气由底部的气孔进入内缸体 5 的中心孔，推动外缸体 4 沿导套 6 向上滑动的同时，使托瓶板 8 向上移动，即升瓶；升瓶动作维持到灌装完成为止，随着灌装主体的回转，进入降瓶区，此区间的下降动作靠机械控制，由安装在机台上的凸轮（图中未画出）压下与缸体相连接的滚轮来实现，同时，缸体内的压缩空气经内缸体的中心孔被压回到压缩空气环 1 中，又用来提供给正在上升的托瓶气缸，压缩空气如此循环使用。

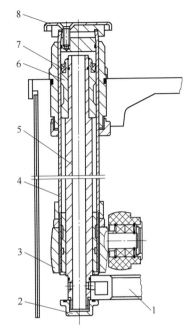

1—压缩空气环　2—螺帽　3—滚轮夹持器　4—外缸体　5—内缸体　6—导套　7—"V" 形环　8—托瓶板
图 6-16　托瓶装置结构简图

托瓶气缸的润滑很重要，通常大约每 10 个托瓶缸有 0.1L 的油量注入气环内，在其中一个托瓶气缸的托瓶板上开有油孔，该油孔用圆柱头螺钉密封，润滑油就是从该孔灌入。每周需更换一次，换油之前，气环内的残留废油从气环下部的开口排放掉。

（5）送盖理盖及压盖头装置。含气液体装入瓶子后必须立即封口。GFP-100/18 型含气液体灌装封口机的压盖部分和灌装部分设计成一体化机型，采用皇冠盖压封。压盖部分主要由瓶盖搅拌器、理盖器、压盖头等部件组成，图 6-17 所示是瓶盖搅拌器结构简图。

皇冠盖由输送机送入盖仓 18，进入搅拌器中，搅拌器的调速电动机 1 经一对同步齿形带轮 2 和 3 将动力传动到轴 5 上，轴 5 安装在支座 4 上，在轴的左端装有小齿轮 7，与大齿圈 8 啮合传动，滚筒轴 13 与大齿圈连接在一起，将运动传动到滚筒轴上，带动滚筒 9 和转盘 10 回转；滚筒轴 13 的搅拌速度可以随着灌装机的速度调节。转盘 10 用一个可以拆卸的销钉 14 固定在传动轴上，清洗和排空盖斗时，拆下销钉，向前拉动手柄 15 即可。瓶盖经滚筒和转盘之间的间隙进入安装在下部的理盖器（图中未画出）中，经定向理盖后进入瓶盖滑道，最后被送至压盖头。带轮 6 用来驱动瓶盖通道处安装的齿形被动轮，该轮的作用是使皇冠盖顺利流通。

压盖头的最末槽端，安装一个接近开关，缺盖情况下发出信号，灌装机就会自动停机。在瓶盖通道处接有两条压缩空气管道，一条连接到瓶盖通道槽上，加速瓶盖在槽内流动，另一条连接到通道槽的末端，以便将瓶盖吹到压盖头内。

图 6-18 所示是用于该机的一种压盖头结构示意图。18 套压盖头均匀安装在压盖机的回转体上，由凸轮控制压盖头上下运动，凸轮安装在压盖机体上部的固定部件上，压盖头的底

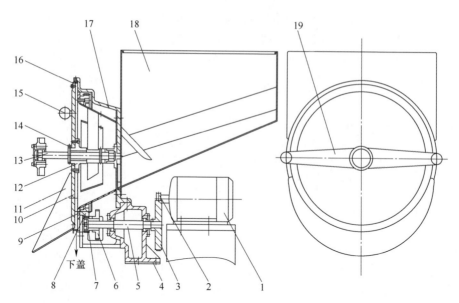

1—调速电动机　2—小同步齿形带轮　3—大同步齿形带轮　4—支座　5—轴　6—带轮　7—小齿轮
8—大齿圈　9—滚筒　10—转盘　11—防尘板　12—轮毂　13—滚筒轴　14—销钉　15—手柄
16—拨条　17—滚筒外壳　18—盖仓　19—滚筒支承

图 6-17　瓶盖搅拌器结构简图

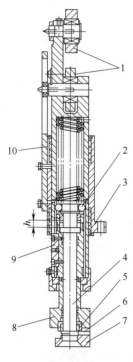

1—滚轮　2—钢球　3—联结件
4—冲头　5—压盖模　6—磁铁
7—定心环　8—导向套筒
9—滑键　10—导向板

图 6-18　压盖头结构

部装有磁铁。

　　灌装后的瓶子从中间星轮被传送过来，压盖头已从瓶盖输送通道槽里取得一个瓶盖，受磁铁 6 的磁力作用保持好合适的位置。压盖头部件由滚轮 1 带动，受凸轮的作用下降，定心环 7 将瓶颈准确地导入压盖头，瓶盖便扣在瓶口上并托起冲头 4，随着压盖头的进一步下降，瓶子进入压盖模 5 中，瓶盖的裙边即在压盖模的锥孔作用下压入瓶口的凸缘处，产生弹性和塑性变形，形成机械性勾连，当瓶子的深入量达到预先设定的值后，即终止压盖。随后滚轮 1 沿压盖凸轮槽做上升运动，将压盖头提起，已封好盖的瓶子便被顶出装置的弹簧力推出压盖模，完成整个封盖过程。

　　压盖头升降时，其导筒外壁上有一个导向滑键 9 沿导板滑动，既保证了压盖头的运动稳定，也保证了定心环 7 的开口始终对准下盖槽输送瓶盖的方向。图中 h 是压盖行程控制间隙，通过调整冲头 4 的位置来调节。压盖凸轮的表面要进行淬火处理，滚轮可以使用合适的带轴轴承代替，以提高精度并减少加工零部件的数量。

　　如图 6-19 所示，落盖槽底部水平面应较压盖头 4 的瓶盖夹持器 3 入口处高约 0.5mm，落盖槽 1 的伸入量应离开压盖头 4 约 3mm，以利于瓶盖 2 顺利进入压盖头 4 中。

　　（6）高度调节装置。灌装容器改变即产品规格改变时，灌装阀、压盖头和储液缸之间应进行高度调整。
图 6-20 所示是本机的储液缸高度调节装置结构
简图。主动小齿轮 2 安装在调高电动机 1 的输
出轴上，小齿轮回转驱动大齿圈 3 转动；由大
齿圈带动周围的从动小齿轮转动，每一个小齿
轮轴就是调高立轴 8，它与储液缸连接，调高
立轴 8 与立柱螺母 7 组成螺旋传动副，立柱螺
母 7 固定在机器的工作台上，靠螺杆（调高立
轴 8）与螺母相对运动，带动储液缸升降。

　　自动调高装置在结构设计及制造时应注意
以下几点。

　　① 合理分布调高立轴。根据支撑强度和储

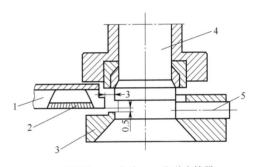

1—落盖槽　2—瓶盖　3—瓶盖夹持器
4—压盖头　5—散气孔
图 6-19　落盖槽与压盖头位置图

液缸回转台的结构综合考虑调高立轴数量及其分布。图中调高立轴分布数量为 6 个，尺寸
ϕ_A 应根据储液缸的内尺寸 ϕ_B 确定，而尺寸 ϕ_B 又受到机器的生产能力、储液缸的容积等因
素的限制。

　　② 合理选择调高电动机。通常选择带减速机的电动机，其数量一般为 1~2 个，输出转
速不能太高；考虑调高电动机的安装和维修保养方便。

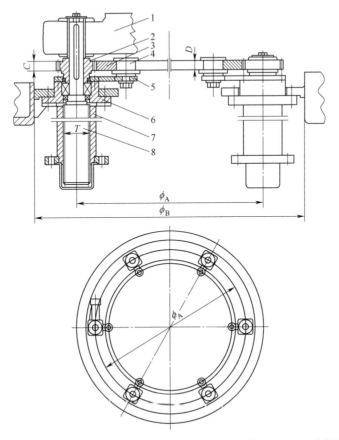

1—调高电动机　2—小齿轮　3—大齿圈　4—压紧轮　5—支撑板　6—轴承座　7—立柱螺母　8—调高立轴
图 6-20　储液缸高度调节装置结构

③ 保证各齿轮传动同步。应从齿轮的设计、制造和安装方面考虑。

④ 齿轮和齿圈的强度可靠。图中齿轮的模数和齿宽 C 应根据设备的生产能力、提升重量不同而采用不同参数，大齿圈的厚度尺寸 D 应满足足够的强度要求。

⑤ 调高立轴螺杆部分的传动螺纹型式和螺距应选择得当。一般都选择 T 型螺纹传动。

灌装机高度调节好后，压盖机也要由其调高装置做高度调节，这里不作详述。

6.2.3　生产率分析及技术特点

（1）生产率分析。回转式液体灌装封盖机的生产能力与其转盘的工作转速和灌装头的分布数量有关，其计算公式为：

$$Q = 60n \cdot N \tag{6-2}$$

式中　Q——灌装机的公称生产能力（瓶/h）；

N——灌装头数即灌装阀工位数（个）；

n——转盘的工作转速（r/min）。

由式（6-2）可知，提高灌装机的生产能力有两个途径：①提高灌装机转盘的工作转速；②增加灌装头数即灌装阀工位数。

若提高灌装机转盘的工作转速，意味着缩短灌装工艺时间，这就要求提高灌装阀的性能，否则，灌装速度太快会引起液料泛泡，充气、回气时间不足也会出现定量不准确，同时，提高转速会引起离心力增大，瓶子失去稳定性，甚至会从灌装机上被甩出去，因此转盘转速的提高受到一定限制。若增多灌装头数，灌装机转盘尺寸会增大，随着半径的增大，离心力相应增大，因此，增多灌装头数也受到制约。通常欲提高灌装机的生产能力须综合考虑多方面因素。

灌装机转盘半径尺寸满足的条件为：

$$R \leqslant 900g \cdot f / (\pi^2 \cdot n^2) \tag{6-3}$$

式中　R——灌装头回转半径（m）；

g——重力加速度（m/s²）；

n——转盘转速（r/min）；

f——瓶底与瓶托之间的滑动系数。

表 6-4 是目前我国啤酒企业常用灌装压盖机的生产能力和灌装阀工位数对应表。

表 6-4　　　　　　　常用灌装压盖机的生产能力和灌装阀工位数对应表

灌装阀工位数/个	压盖头工位数/个	公称生产能力/（瓶/h）	灌装阀工位数/个	压盖头工位数/个	公称生产能力/（瓶/h）
48	8	16000	84	14	28000
60	12	20000	100	18	32000
72	12	24000	120	20	40000

（2）主要技术特点。GFP-100/18 型含气液体灌装封口机目前在我国大中型企业的液体灌装生产线上使用广泛，具有如下特点。

① 采用变频调速技术，整机的传动系统简单，同步性能可靠，运转平稳。可以根据出入口输送带上的瓶子积聚数量，自动调节主机的工作速度，确保生产线的连续正常运行。

② 以 CO_2 作背压，采用二次抽真空技术，灌装速度快，料液中 CO_2 损失少，料损少；灌装阀采用短管式真空控制阀，无瓶不抽真空，无真空损失，工作效率高。

③ 控制系统采用人机界面，工作可靠，由文字、图形及指定的 PLC 参数构成多幅操作图面，方便操作，利于维护。

④ 环形储液缸的料位液面采用自动调节进入，灌装平稳，灌装精度高。

⑤ 采用先进的高度调节机构，能适应多种规格产品的生产。

⑥ 润滑系统采用定量定时集中自动润滑，确保生产的连续性。

⑦ 设置有破瓶喷冲系统，对灌装台上的碎玻璃进行自动清除。

⑧ 设置有原位清洗（CIP）系统符合食品卫生标准。

6.3　扭结式裹包机

以卷盘式挠性包装材料裹包产品，将末端伸出的包装材料扭结封闭的机器称为扭结式裹包机。扭结裹包在主机上实现包装材料分切、包裹及封口工序。包装方式有双端扭结和单端扭结，如常见的对糖果的包装多数为双端式扭结包装，糖果的包装还有一种是折叠式包裹。

扭结式裹包机按照其传动方式可分为间歇式和连续式两种，属于自动包装机械。

本节以 BZ-350 型糖果包装机为例，对扭结式糖果包装机加以介绍。

6.3.1　技术特征与工作过程

（1）主要技术特征。BZ-350 型糖果包装机是传统型糖果包装机，广泛应用于中小型糖果生产企业，既可以完成单层或多层纸的包装，也可以包装多种形状的硬糖或软糖，包装简单、美观、牢靠，使用方便。其主要技术参数见表 6-5。

表 6-5　　　　　　　　　　　　BZ-350 型糖果包装机主要技术参数

主要技术参数	参数值
生产能力(无级调速)/(粒/min)	200～300
糖块规格:圆柱形糖(直径×长度),长方形糖(厚×宽×长)/mm	13×32;11×16×27
包装纸规格:糯米卷筒纸或蜡纸做衬纸的宽度; 蜡纸或透明卷筒纸做外包装纸的宽度/mm	30;90
标签宽度/mm	背标最大 70,身标最大 130
主电机功率/kW	0.75
主电机额定转速/(r/min)	1410
理糖电动机/kW	0.35
理糖电动机额定转速/(r/min)	1350
机器重量/kg	700
机器外形尺寸(长×宽×高)/mm	1530×970×1570

（2）工艺流程。图 6-21 所示是 BZ-350 型糖果包装机外形简图。待包装糖块从振动料斗 7 被送入理料器 6，理料器理糖盘为一高速旋转的螺旋槽机构，在离心力的作用下，糖果沿螺旋槽被甩到理糖盘的外围，经过初步定向，在出口处，由旋转着的毛刷将竖立或重叠着

的糖块刷平且呈单层排布，进一步定向后进入输送带包装位置，安装在卷纸架上成卷的薄膜纸也由牵引辊经导辊被送到包装位置，前后冲头动作把薄膜纸和糖块一起夹紧，此时，薄膜纸被辊刀切断，前后冲头继续运动，将糖块和薄膜纸送入张开的糖钳中；糖钳夹紧糖块和包装纸，前后冲头后退复位；下折纸板向上摆动折下边薄膜纸，糖钳转动由固定折纸板折上边薄膜纸。

工序盘转位到扭结工位停歇，扭结机械手夹住糖果的纵向两边并在驱动机构作用下同向回转约450°，完成扭结工序。在扭结回转过程中，扭结机械手沿糖果的纵向要有一个微小的进给量，以抵消糖果纵向尺寸变化，否则，糖纸会被扭破；扭结结束后，工序盘继续转位，糖钳机械手在凸轮的控制下开启，由打糖杆将已经包装好的糖果打下，糖果沿输送槽被送入后续装盒工位。

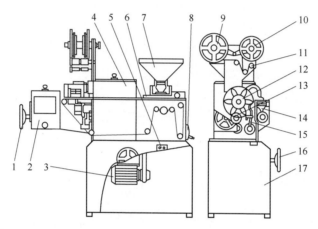

1—手动轮　2—扭结部件　3—电动机　4—主体箱　5—开关按钮　6—理料器　7—料斗　8—张紧机构　9—包糖外纸
10—内衬纸　11—张紧辊　12—工序盘　13—打糖杆　14—送糖杆　15—接糖杆　16—调速手轮　17—机架
图 6-21　BZ-350 型糖果包装机外形简图

图 6-22 所示是 BZ-350 型糖果包装机的扭结裹包工艺流程示意图，图 6-23 所示是包装扭结工艺路线图（图中Ⅰ—Ⅵ表示 6 个工位）。

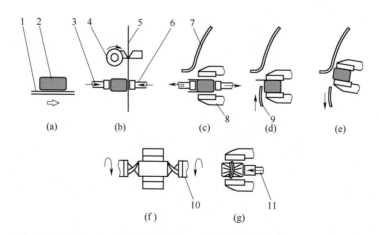

1—输送带　2—糖块　3—前冲头　4—辊刀　5—裹包薄膜　6—后冲头　7—固定折纸板
8—钳糖手　9—下折纸板　10—扭结手　11—打糖杆
图 6-22　扭结裹包工艺流程示意

6.3.2　主要组成结构分析

BZ-350 型糖果包装机主要由传动系统、理糖盘装置、供纸和切纸装置、钳糖工序盘、扭结机械手、裹包机构、电气控制装置、缺糖检测装置等组成。

（1）传动系统

① 主传动系统。第 2 章对自动机循环图实测中，已对 BZ-350 型糖果包装机的主传动系统做了简单介绍，如图 2-30 所示。

主电机驱动各执行机构，主电机至分配轴 II 间采用两级减速，第一级用皮带传动实现无级变速，第二级为齿轮传动，在分配轴 II 上装有偏心轮（1）（2）（3）（4）和两个齿轮 Z52，传动到各个执行机构完成裹包作业。主电机轴上设置一对分离锥轮，通过调节张紧手轮 14 调节带轮的中心距，靠分离锥轮分开或趋近，改变锥轮的接触半径，达到调节带轮传动比的目的。

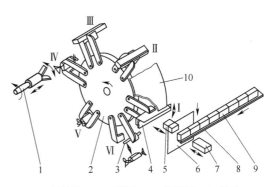

1—扭结手　2—工序盘　3—打糖杆　4—活动折纸板　5—接糖杆　6—包装纸　7—送糖杆　8—输送带　9—糖块　10—固定折纸板

图 6-23　包装扭结工艺路线

分配轴上装有四个偏心轮。偏心轮（1）通过连杆带动扇形齿轮摆动，扇形齿轮再驱动与前冲头一体的齿条往复运动，完成冲糖工作；偏心轮（2）通过安装在工序盘根部的斜面凸轮 8 驱动夹糖钳 6 开合，完成钳糖和放糖工作；偏心轮（3）通过连杆驱动活动折纸板 23 折纸；偏心轮（4）通过连杆驱动后冲头 15 和打糖杆 17 工作。采用偏心轮机构，整个传动链结构紧凑，维护方便。

供纸部分（件 1、2、3）经轴 II 的齿轮、轴 V 的链轮传动，扭结机械手由轴 II 经齿轮、槽凸轮、摆杆等传动，转盘由轴 II 经齿轮、槽轮机构来传动。

糖果包装机设置无级调速系统，一方面可以满足当产品规格发生变化即糖块外形变化时，生产率随着改变；另一方面，由于包装材料随着季节的变化，其延展性也不一样，生产率要做相应的改变。机器还设置手动调整，可通过盘车手轮 24 实现。

② 理糖传动系统。理糖装置的作用是使待包装糖块通过整理排列，依次整齐地传入输送带，由输送带被送至裹包工位。图 6-24 所示为理糖装置的传动系统示意图。

理糖电动机 1 通过 D50/D112 的 "V" 形带传动，驱动轴 I 旋转，再经过齿轮 Z17/Z46 带动轴 II。轴 II 上装有输送带轮，驱动输送带 6 运动，把转盘送来的糖块送到包裹工位。轴 I 通过蜗杆蜗轮 Z4/Z32 带动轴 IV，由轴 IV 驱动转盘 3 回转运动，周边装有固定的螺旋导向

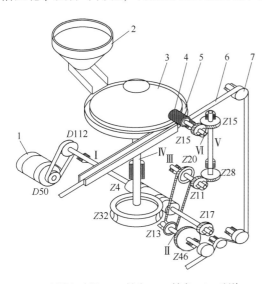

1—理糖电动机　2—料斗　3—转盘　4—毛刷
5—导向板　6—糖块输送带　7—带轮
图 6-24　理糖装置传动系统示意图

板 5。转盘 3 回转时，由料斗 2 落下的糖块受到离心力的作用甩向周边，在导向板作用下沿环形槽排列整齐，依次进入输送带。另外，轴Ⅱ通过链轮 Z13/Z20 带动轴Ⅲ，经螺旋齿轮 Z11/Z28、Z15/Z15 带动轴Ⅵ，由轴Ⅵ驱动毛刷 4 旋转，毛刷的作用是将重叠在一起的糖块扫平，使其一粒接一粒排队由输送带向前输送。

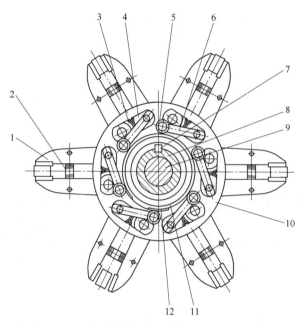

1—糖钳　2—弹簧　3、4—扇形齿轮　5—滚子　6—摆臂　7—键
8—铜套　9—转盘轴　10—转盘　11—上凸轮　12—下凸轮
图 6-25　钳糖工序盘结构简图

（2）钳糖工序盘。图 6-25 所示是 BZ-350 型糖果包装机 6 工位钳糖工序盘的结构简图。

转盘轴 9 与转盘 10 以圆锥销固联，在转盘轴上装有铜套 8，通过偏心轮及连杆机构使铜套在转盘轴上转动。下凸轮 12 用键 7 固定在铜套 8 上，上凸轮 11 用螺钉与下凸轮 12 固联，凸轮 11 和 12 会随着铜套一起摆动。钳糖工序盘上安装有 6 副钳糖机械手，实现两个运动：①间歇转位，每次转过 60°，停歇一个工艺时间。间歇转位运动由六槽轮机构（图中未绘出）带动；②糖钳的开合运动，工序盘转一圈，糖钳只打开一次、关闭一次。糖钳的开合运动由凸轮驱动滚子 5 带动摆臂 6 摆动，摆臂 6 带动扇形齿轮 3 和 4 啮合摆动，扇形齿轮带动糖钳 1 张开，此时，弹簧 2 受拉，钳糖的闭

合由受拉状态的弹簧来控制完成。设置两片凸轮的目的：通过调整上下两片凸轮的位置，可以改变凸轮的工作曲线，从而改变钳糖机械手的开口大小和持续时间，以满足不同厚度的糖块包装要求，保证扭结质量。

（3）供纸和切纸装置。图 6-26 所示是 BZ-350 型糖果包装机的供纸装置示意图，件 1 和件 2 为包装纸卷架，件 3 为导纸辊。一般情况下，包装机的两个纸卷架同时送纸，分别为内层衬纸和外层商标纸。由纸卷架松卷和退纸，经导纸辊 3 进入切纸装置 4。

图 6-27 所示是纸卷架的结构简图。成卷的包装纸安装在夹纸盘 4 和 5 之间，靠卷纸轴与橡胶滚筒牵引着向下输送，轴 1 的右端用螺柱安装在托架 9 上，左端装有油杯 14，用来润滑衬套 2，安装轴 1 时，油孔的出油口朝下，以利于加注润滑油。夹纸盘 4 和 5 用紧定螺钉固定在套筒 3 上，套筒 3 的两端支撑在衬套 2 上，衬套与轴 1 之间成动配合连接，由此可见，当包装卷纸被牵引时，两侧夹纸盘 4 和 5、套筒 3、衬套 2 同时转动。

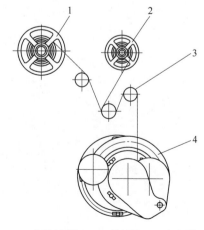

1、2—包装纸卷架　3—导纸辊　4—切纸装置
图 6-26　供纸装置

图中件 6 为调节滑轮，用螺钉 8 与套筒 3 固连在一起，件 10 为调节螺杆，转动此螺杆，其左端的滚动轴承 11 带动调节滑轮 6 左右移动，从而带动整个套筒在轴 1 上移动，以调节卷纸位置，由此可见设置套筒 3 的作用。另外，在调节滑轮 6 上绕有制动皮带 7，皮带的端头安装有弹簧 12 以使卷纸在供给时始终保持一定的张力，否则，卷纸会出现松展现象。

图 6-28 所示是切纸装置的结构简图，其中 6-28（b）是把橡胶辊 8 拨开时的位置状态。包装卷纸经导纸辊后受到卷纸轴 3 和橡胶辊 8 的牵引，通过导板 6 后被滚刀 7 切断。每切一张纸则进行一颗糖的裹包与扭结，因此，滚刀轴的转动与传动轴 Ⅱ

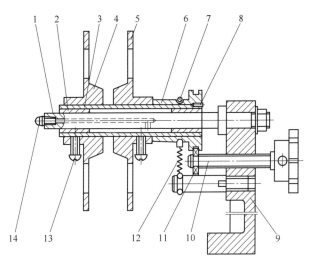

1—轴　2—衬套　3—套筒　4、5—夹纸盘　6—调节滑轮
7—制动皮带　8—螺钉　9—托架　10—调节螺杆
11—滚动轴承　12—弹簧　13—紧定螺钉　14—油杯
图 6-27　纸卷架

及 Ⅴ（图 2-30）的转动要求同步。滚刀 7 的转速是卷纸轴 3 转速的两倍，即切下的纸长度近似于卷纸轴周长的一半。当糖块规格发生变化时，应该调换相应直径的卷纸轴；为保证卷纸轴 3 的线速度与橡胶辊 8 的线速度一致，调换卷纸轴的同时应调换其上的输出齿轮。

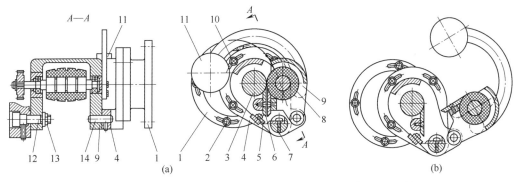

1—法兰盘　2、10—螺栓　3—卷纸轴　4—刀架　5—固定刀　6—导板
7—滚刀　8—橡胶辊　9—支架　11—重锤　12、14—销轴　13—螺母
图 6-28　切纸装置

图 6-28 中卷纸轴 3 装在刀架 4 上，橡胶辊 8 装在支架 9 上，支架 9 与刀架 4 用销轴 14 和 12 铰接，以销轴为支点转动；支架 9 上配有重锤 11，其作用是给橡胶辊 8 施加一定的压力，使其压紧卷纸轴，保证包装纸在卷纸轴与橡胶辊相对滚动的摩擦力作用下连续送进。

安装时应使固定刀 5 的刃刀稍后于导板 6 的前侧平面，以避免包装纸沿导板送下时碰到刀口而受阻卷曲。滚刀 7 和固定刀 5 的位置调整到使两刃口能轻轻擦过，保证能顺利切断包装纸，且纸边光滑平整。为适应前后接糖杆顶接糖位置，必须调整固定刀刃口到台板的距离。

调整方法如下：旋松法兰盘 1 上的 3 个螺栓 2，整个刀架 4 便可以绕法兰盘的中心上下摆动，位置调整适当后，再旋紧螺栓 2。此时，导板 6 的平面不处于垂直位置，应放松刀架 4 上的 3 个螺栓 10，转动刀架 4 使导板 6 恢复到垂直位置。经过这样的调整之后，因刀刃高低位置发生了变化，切纸时间可能产生超前或滞后现象，这时应调整滚刀轴右端的小齿轮位置，使其相对于滚刀轴向前或向后转过一个轮齿，以补偿超前或滞后的时间，从而改变滚刀的切纸时间。

（4）裹包机构。该糖果包装机的裹包机构完成如下几个动作：前冲头送糖、后冲头接糖、活动折纸板折纸、固定折纸板折纸，如图 6-22 中的（b）（c）（d）（e）所示。

根据主传动系统图，其前冲头、后冲头、折纸板各动作通过偏心轮和连杆机构实现，图 6-29 所示是偏心轮机构结构简图。

4 个偏心轮安装在分配轴 9 上，分别控制前冲头、后冲头、折纸板和钳糖手开合的动作，调整偏心轮在分配轴上的相对位置，使这些动作相互协调。初步调整时，各个偏心轮在轴上用紧定螺钉固定，经过试车，确认各个动作无误之后，用圆锥销将偏心轮与轴固定。设置六角螺杆 5 的作用是：各部分若需要微量调整，先松开两个锁紧螺母 4，扳动六角螺杆，杆的长度就会发生变化，因为螺杆一端螺纹是左旋，另一端是右旋，当所需长度调整好后，再旋紧锁紧螺母。

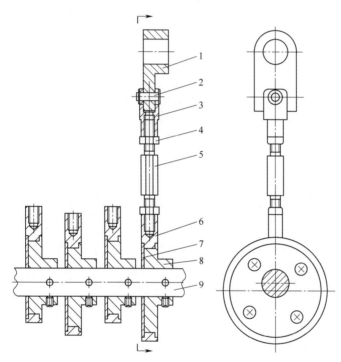

1—连杆　2—销轴　3—连接叉　4—锁紧螺母　5—六角螺杆
6—套环　7—定位板　8—偏心盘　9—分配轴

图 6-29　偏心轮机构

（5）扭结机械手。糖块被包裹后由钳糖工序盘送至待扭结工位，由扭结机械手完成糖果的两头扭结。扭结机械手对称布置安装，同向同速回转，二者结构完全相同。图 6-30 所示为左端扭结机械手结构简图。根据工艺要求，扭结机械手应完成如下 3 种动作：

① 手爪的自动张开与闭合运动，以夹紧和松开糖块。

如图 6-30 所示，圆柱凸轮 14 转动时，带动摆杆 18 摆动，再通过摆杆上的滚轮 23 推动拨轮 9，使得扭结手轴 3 在扭结手套筒 2 内来回移动，而扭结手轴端部的齿条带动手爪齿轮转动，使手爪张开或闭合。

② 扭结回转运动。如图 6-30 所示，齿轮 21 把动力传至凸轮轴 15 上的双联齿轮 16，驱动扭手齿轮 6，由扭手齿轮带动扭结手套筒 2 回转，扭结手 1 与扭结手套筒 2 固连，扭结手夹紧糖纸旋转便把糖纸扭成结。

③ 轴向进退运动。糖纸在扭结时会缩短一段长度，因此要求扭结手要跟随糖纸一起移

动一段距离，以补偿糖纸的缩短量。

如图 6-30 所示，当圆柱凸轮 14 转动时，带动摆杆 17 摆动，再通过滚轮推动拨轮 7，使扭结手套筒 2 做跟踪移动。

扭结手套筒 2 空套在扭结手轴 3 上，扭手的轴向进给量与使扭手张合所需的扭手轴的移动量可以不同，二者可以存在速度差和距离差，将扭手齿轮 6 设计成宽齿，当根据需要调整两扭结手的距离后，不影响传动的稳定。

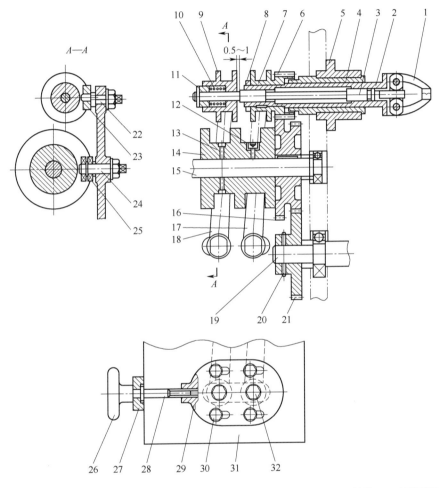

1—扭结手　2—扭结手套筒　3—扭结手轴　4—滑套　5—安装座　6—扭手齿轮　7、9—拨轮　8—锁紧螺母　10—弹簧
11—挡圈　12—螺钉　13、20—定位销　14—圆柱凸轮　15—凸轮轴　16—双联齿轮　17、18—摆杆　19—轴　21—齿轮
22—偏心轴　23、25—滚轮　24—心轴　26—手轮　27—定位圈　28—螺杆　29—滑座　30、32—螺栓　31—箱体

图 6-30　左端扭结机械手结构

扭结机械手的开合动作与进退动作须协调，这一点靠圆柱凸轮的曲线来保证。左右两个扭结手的动作也要协调一致，通过综合调整圆柱凸轮 14 和偏心轴 22 实现；扭结机械手的装配定位精度要求较高，需要反复调整，可以通过转动盘车手轮进行；扭结手的扭结圈数和轴向补偿量要根据所使用包装纸的不同而异，对于不容易被撕破的材料，扭结圈数稍多些，补偿量可以小些。例如，用蜡纸包装糖果，扭结圈数不超过 450°，补偿量约为 3.3mm，对玻璃纸扭结圈数可定为 450°。

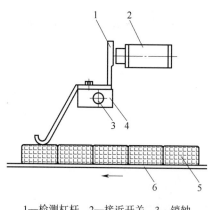

1—检测杠杆　2—接近开关　3—销轴
4—重块　5—糖块　6—输送带
图 6-31　缺糖检测机构

（6）缺糖检测装置。图 6-31 所示是机器的缺糖检测机构示意图。当糖块输送带上缺糖时，主电动机可以得到缺糖信号而自动停机，一旦糖块输送跟上，主机便自动启动，这样避免了缺糖时机器继续动作而产生的故障及对包装纸的浪费。

图中检测杠杆 1 可以绕销轴 3 转动，2 为接近开关。当糖块在输送带上一粒紧接一粒地被输送向前时，检测杠杆 1 便被糖块顶起靠近接近开关 2，杠杆上部的接近开关 2 就能检测到正常的供送糖块信号，主机便正常工作；一旦缺糖，输送带上的糖块就会出现空位，检测杠杆绕销轴 3 下摆，其上部的检测杠杆 1 就偏离接近开关 2，信号中断，主机便停机。恢复糖块供应时，糖块再次顶起检测杠杆 1 靠近接近开关 2，从而控制主机重新启动，正常工作。

6.3.3　生产率分析及技术特点

（1）生产率分析。从以上分析可知，糖果包装机的生产率与工序盘的转速和其上所分布的裹包头数量有关，计算公式为

$$Q = 60n \cdot K \tag{6-4}$$

式中　Q——糖果包装机的生产率；

　　　　K——工序盘上分布裹包头数量，即糖钳对数（粒/r）；

　　　　n——工序盘的工作转速（r/min）。

根据式（6-4）可知，要提高糖果包装机的生产能力有两个途径：①增加工序盘上分布裹包头数量；②提高工序盘的工作转速。

若增加工序盘上分布裹包头数量，就会增加工序盘的外形尺寸，使机构庞大，且增加糖钳数量，糖钳凸轮的轮廓曲线就要改变，须重新设计糖钳凸轮的工作曲线，这会给设计和制造带来较大变化，不利于加速产品的系列化生产进程。实际上糖钳数量增加对提高生产率的效果不是很明显。提高工序盘的工作转速虽是比较有效的办法，但若一味地提高工序盘的转速，会增加机构间干涉的可能性，使机器制造精度增加；且理糖盘的速度过快，糖块容易堵塞，不利于正常供料；再者受包装材料限制，速度也不宜过快，否则包装纸容易被扯断。因此，要提高机器的生产率，必须权衡多方因素综合考虑。例如，有些糖果包装机采用锥形盘理糖或多盘同时供料。

（2）主要技术特点。BZ-350 型糖果包装机是应用非常广泛的扭结式包装机，主要具有以下技术特点：

① 上糖块、包裹、卸糖果全部实现机械化操作，自动化程度高，减轻人工劳动强度，符合人性化特点，产品符合食品卫生要求。

② 设有无级调速机构，机器的生产率可根据需要改变，满足不同包装材料的要求。

③ 机械结构采用六槽轮机构驱动工序盘，传动系统结构紧凑，同步性能可靠，运转平稳，关键零部件调节方便，能满足不同的产品规格要求。

④ 设有故障检测自动停机等功能，方便操作，维护简单，寿命比较长。

6.4　在线制袋包装机

在线制袋包装机是使用卷筒型柔性材料对产品进行包装的现代化包装设备，可实现自动制袋、计量装填、封口、切断等工序，适用于液体物料、颗粒物料、粉料、半流体等物料的包装，也可用于块状物体的包装。

在线制袋包装机按总体布局可分为立式机和卧式机，按制袋运动形式分为间歇式和连续式，属于自动包装机械。通常自流性好的物料采用立式包装，而半流体或块状物体包装选用卧式间歇包装机。

本节以 ZXL-160 型自动在线立式制袋包装机为例，介绍其组成结构、工作原理、工艺过程等基本知识。

6.4.1　技术特征与工艺流程

（1）主要技术特征。ZXL-160 型立式自动制袋包装机目前在生产中广泛使用，属于连续型立式制袋包装机，其主要技术参数见表 6-6。

表 6-6　　ZXL-160 型立式自动制袋机主要技术参数

主要技术参数	参数值
公称生产能力（连续可调）/（袋/min）	50~100
包装容量/mL	20~40
计量方式，控制方式	容积计量，时间控制
包装材料厚度/mm（单层或双层塑料膜）	0.03 以下
塑料膜最大宽度/mm	160
塑料膜卷筒外径/mm	最大 300
成品袋尺寸/mm	最大 80×110
主电机功率/kW，转速/（r/min）	0.37，1440
机器重量/kg	350
主机外形尺寸（长×宽×高）/mm	600×800×1800

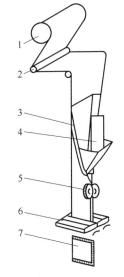

1—卷筒薄膜　2—导辊
3—制袋成型器　4—加
料管　5—纵封滚轮
6—横封辊　7—成品袋
图 6-32　工艺流程

（2）工艺流程。图 6-32 所示是该包装机的工作流程示意图。卷筒薄膜 1 在纵封滚轮 5 的牵引下，经导辊组进入制袋成型器 3 形成圆筒状，纵封滚轮在牵引的同时封合对接边缘，随后由横封辊 6 实施横封和切断。横封可以同时完成上袋的下边缘和下袋的上边缘封合，并切断分离。物料的充填在薄膜受纵封滚轮牵引向下移动至横封闭合前完成。

图 6-33 所示是该机的工艺流程框图。

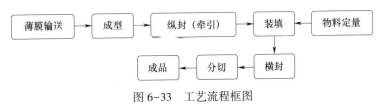

图 6-33　工艺流程框图

6.4.2 主要组成结构分析

ZXL-160 型立式自动在线制袋包装机主要装置有薄膜供送装置、制袋成型装置、纵封牵引装置、横封与切断装置、定量供料装置、传动与控制系统等，图 6-34 所示是该包装机的结构。

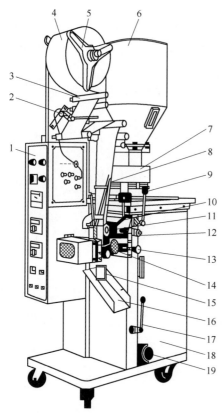

1—电气控制系统 2—光电检测装置 3—导膜辊
4—薄膜卷筒 5—膜卷架 6—料仓 7—定量供料器
8—制袋成型器 9—供料离合手柄 10—成型器支架
11—纵封滚轮 12—纵封调节旋钮 13—横封调节旋钮
14—横封辊 15—包装成品 16—落料槽
17—横封离合手柄 18—机架 19—调速旋钮
图 6-34 立式自动在线制袋包装机结构

主传动系统安装在机架 18 上，驱动纵封滚轮 11 和横封辊 14 转动，同时传送动力给定量供料器使其给料。薄膜卷筒 4 安装在膜卷架 5 上，在牵引力作用下，薄膜展开经导膜辊 3 引导送出，导膜辊对薄膜起到张紧平整及纠偏的作用，保证薄膜牵引力恒定和走膜位置准确。

制袋成型器 8 的作用是将薄膜由平展逐渐对折成筒状袋型，固定在成型器支架 10 上，通过调整成型器与纵封滚轮 11 的相对位置，保证薄膜成型封合的顺利进行，封合时两边对齐，误差≤2mm。

纵封装置设有一对结构相同的滚轮，工作时做相向旋转运动，同时牵引薄膜进行输送，对成型后的对接纵边进行热封合。横封装置设有一对横封辊 14，工作时相向旋转，在对薄膜横向封合后，将成品袋与上袋切割分离。

物料供给装置是定量供料器 7，其作用是根据包装要求完成物料定量并顺利送入加料管。

传动及电气控制系统主要包括动力、温度、计数等，可设定工作速度，根据包装材料性能特点设置纵封和横封温度，对控制包装质量起到至关重要的作用。

（1）薄膜供送装置。薄膜供送装置包括膜卷架、预牵引和惯性制动，以及恒张力装置、导引和纠偏装置。薄膜在供送过程中必须保持平稳无跳动，正确到位而不会偏移。

① 膜卷架。膜卷架用于安装包装薄膜卷，也是包装薄膜开卷的支承架。

图 6-35 所示是带轴向调节的膜卷架结构。心轴 7 固定在支承座 10 上，套筒 8 通过滑套 2 和轴承 3 支承在心轴 7 上，两个挡盘 6 将薄膜卷 5 固定在套筒 8 上。滑套 2 在导向键 4 的作用下可沿轴向移动，转动旋钮 1，通过螺杆可带动滑套 2 及套筒 8 左右移动，调节包装薄膜卷轴向位置以适应后续工艺要求。

② 预牵引和惯性制动。薄膜卷在使用过程中直径越来越小、质量越来越轻，牵引力会

发生变化。为了保证成型时的薄膜张力恒定，通常都设计有预牵引和惯性制动装置。卷筒薄膜的预牵引装置一般有钳拉式和滚筒式两种，钳拉式通过机械或气动摆杆机构间歇性地将膜拉出，滚筒式利用两个塑胶滚筒的相对转动将膜拉出，可以连续工作。惯性制动装置一般安装在包装薄膜卷的套筒 8 上，使薄膜带由卷盘至预牵引拉开间有适度的张力。

图 6-36 所示是常用的几种制动装置示意图，本机采用图 6-36 （a） 所示的重锤式制动，结构简单，适用于速度较低的要求。

③ 恒张力装置、导引和纠偏装置。图 6-37 所示是恒张力装置示意图，恒张力装置安装在预牵引装置和纠偏装置之间，利用薄膜辊的自重对后工段的薄膜进行张紧，其张力恒定，预牵引的薄膜在此有一定储存量。

1—调节旋钮　2—滑套　3—轴承　4—导向键
5—薄膜卷　6—挡盘　7—心轴　8—套筒
9—制动轮　10—支承座
图 6-35　带轴向调节的膜卷架结构

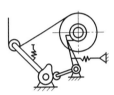

(a) 重锤式　(b) 弹簧式　(c) 摆杆式　(d) 凸轮摆杆组合式
图 6-36　常用的几种制动装置

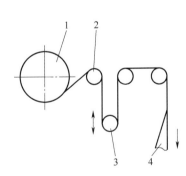

1—薄膜卷　2—三套固定导辊
3—浮动重导辊　4—成型器
图 6-37　恒张力装置

导引和纠偏装置主要由多根导辊组成，导辊之间相互平行，通过导辊的作用，使薄膜平展输送。包装薄膜被牵引走动的过程中，因各种原因会出现跑偏现象，一般允许跑偏量为 2mm 以下，若跑偏量较大，会影响产品的包装质量。其中一个导辊上装有动力源，工作时根据要求其位置可以变化，或相对其他辊可以发生适当倾斜，起到校正纠偏的作用。

（2）制袋成型装置。自动制袋包装机的制袋成型器对包装的形式、尺寸及质量有直接影响。对成型器结构的基本要求：一是尽量减少薄膜通过成型器所受的阻力，使薄膜不产生纵向或横向的拉伸变形及褶皱等；二是确保薄膜自然贴合，无拉伸、无腾空地通过成型器，自然卷合，正确成型；三是结构简单可靠，制造方便，调试容易。

图 6-38 所示是自动制袋包装机上常用的制袋成型器型式，有翻领型、象鼻型、三角板型、U 形板型及缺口导板型。该机所采用的是象鼻型成型器。

（3）纵封牵引装置。图 6-39 所示是纵封牵引装置结构简图。纵封装置主要由一对纵封滚轮 3 和 4 组成，滚轮的外圆周表面紧密压合，压合力来自弹簧。滚轮 3 和 4 分别安装在纵封轴 15 和 16 的左端，由螺母固定，使滚轮可随轴转动。纵封轴 15 的两端轴承固定安装。纵封轴 16 的左边可调轴承座 14 可滑动，其右边的固定轴承座装有一个调心球轴承，可调轴

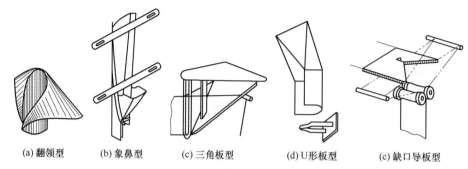

(a) 翻领型　　(b) 象鼻型　　(c) 三角板型　　(d) U形板型　　(e) 缺口导板型

图 6-38　常用的制袋成型器型式

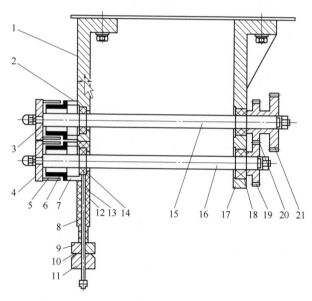

1—安装板　2—座套　3、4—纵封滚轮　5—发热元件　6—支座　7—锁紧螺母　8—封板　9—调节套筒　10—调节螺杆　11—圆螺母　12—小弹簧　13—大弹簧　14—可调轴承座　15、16—纵封轴　17—支承座　18—调心球轴承　19~21—齿轮

图 6-39　纵封牵引装置结构

承座 14 可在安装板 1 的滑槽内微调。受弹簧力的作用，可调轴承座 14 受压内移，使纵封滚轮 3 和 4 紧密压合。两滚轮间的压力可以调整，当拧紧调节套筒 9 时，弹簧 12 和 13 压缩，使压力增大，放松调节套筒则压力减小。圆螺母 11 用来锁紧调节套筒。

两个纵封滚轮的圆筒内装有加热器，加热器由发热元件 5 和支座 6 组成。发热元件一般采用电阻发热线圈，绕装在支座上，再通过支座安装在轴承座或安装板上。当纵封滚轮随轴旋转时，加热器固定不动，对滚轮的圆筒壁持续、均匀加热。加热温度通过测温器测量，并由温控仪控制其变化范围。

纵封滚轮的动力来自齿轮 21，由传动机构带动齿轮 21 旋转，并通过相互啮合的齿轮 20 和 19 同时驱动纵封轴 15 和 16，使纵封滚轮实现相对旋转。

纵封滚轮的封合圆柱面上加工有均匀细密的网纹，以增加封口的牢固度，使热封缝美观且有质量保证。纵封滚轮在工作中长时间处于加热状态，并做连续的相对滚压运转，因此需要有较好的综合力学性能。在实际生产中可采用合金结构钢加工，如 40Cr 等钢材制造。

（4）横封与切断装置。横封与切断装置用于复合包装袋的横向热熔封合，在横向热熔封合的同时分切包装袋。有些包装机设有独立的分切装置，多数连续式自动制袋包装机采用横封同时分切的方式，即横封切断二合一，这不但简化了传动机构，且对有色标薄膜袋的分切更准确，封切质量和生产效率更高。

图 6-40 所示是横封切断装置的结构简图。一对横封辊 1 和 2 都具有两个封合面，对称布置，相对旋转一周可封切两次，完成两个袋包装。

横封辊 1 的两端装有滑套轴承 18，通过轴瓦套 17 固定在支承座 20 和安装板 16 上。横封辊 2 两端的滑套轴承装配在滑动轴承座 3 上，左右两个滑动轴承座可以在支承座 20 和安装板 16 的滑槽内移动。受弹簧力的作用，横封辊 2 向横封辊 1 压合，两辊左右圆环部分的圆周面保持紧密接触。两辊的压合力可以调节，旋紧调节套筒 5，弹簧 8 和 9 压缩，压力增大，放松调节套筒则压力减小。圆螺母 4 用来锁紧调节套筒 5。

动力由双联链轮 11 输入，经中间双联齿轮 14 带动横封双联齿轮 13，由相互啮合的齿轮驱动两个横封辊做相对回转，实现封切。

横封辊的发热源来自电热管 21。电热管从横封辊的轴端穿入，穿入长度应比横封辊的封切面稍长，确保封切面受热均匀。在运行过程中电热管随横封辊一起旋转，因此，需要在横封辊轴端装配电刷环 19，通过其导入电源。横封辊的温度通过测温头测定，再由温控仪调节，测温头可装配在滑动轴承座 3 或轴瓦套 17 上。

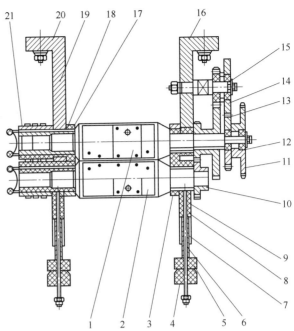

1、2—横封辊　3—滑动轴承座　4—圆螺母　5—调节套筒
6—调节螺杆　7—封板　8—小弹簧　9—大弹簧　10—齿轮
11—双联链轮　12—轴承　13、14—双联齿轮　15—小轴
16—安装板　17—轴瓦套　18—滑动轴承　19—电刷环
20—支承座　21—电热管
图 6-40　横封切断装置结构

图 6-41 所示为横封辊的结构简图。热封板 2 和 6 分别安装在回转轴 1 和 8 上，用螺钉固定。热封管内装有电热管 3，其热封面中间槽隙内装嵌有刀板 4 和切刀 5，用螺钉固定。调节螺杆 7 的作用是调整切刀突出的高度，当放松螺母 9 及切刀紧定螺钉时，旋转调节螺杆可以顶出切刀，调整其突出的高度，使其与刀板紧密配合，以便顺利切断薄膜。调整结束后应再锁紧螺母和螺钉。横封辊的封合面有加工花纹，样式与纵封辊一致。

连续制袋包装机的包装质量取决于封口质量。热封质量受到时间、温度和压紧力的影响，对于某一产量，热封时间基本固定，需调整温度和压紧力之间的最佳匹配，封接温度的设定根据包装薄膜特性而定，通过主电控柜中的温度控制仪调整；压力的调整通过调整前后热封头的相对初始位置实现。

无论是纵封辊还是横封辊，其热封头外一般都包有四氟布，防止包装薄膜熔化后与

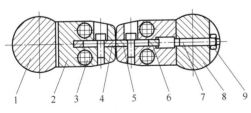

1、8—回转轴　2、6—热封板　3—电热管
4—刀板　5—切刀　7—调节螺杆　9—螺母
图 6-41　横封辊结构

热封辊粘接，同时可以增加封合牢固度。四氟布有条状和卷状。四氟布烧焦或表面损坏时，必须及时更换，以保证封接质量。

（5）定量供料装置。本机采用转盘式定量供料装置，其结构简图如图 6-42 所示。可转

动的料盘5圆周上等分装有4个量杯6，每个量杯的底部均有一个活动底盘7封闭其出口，料盘内还设置有一个料盘罩4，其径向分布有刮板，上部开有一个圆孔，通过下料筒3进料。料盘罩4通过支承板2固定安装在支架1上，支架1固定在机架上。料盘罩安装时应保证其底面不接触料盘面，且与料盘面倾角为1°左右，以便于定容刮料。

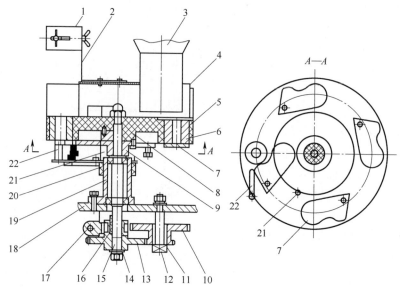

1—支架 2—支承板 3—下料筒 4—料盘罩 5—料盘 6—量杯 7—活动底盘 8—联接盘 9—法兰盘
10—双联齿轮 11、14—滑套 12—心轴 13—离合齿轮 15—转轴 16—离合滑套 17—拨叉
18—机体 19—轴承座 20—开闭销支座 21—闭盖销 22—开盖销

图6-42 转盘式定量供料装置结构

料盘5连续旋转，料盘罩4固定不动，通过刮板把充填入量杯的物料面刮平，保证各量杯所盛的物料容积相同。当量杯随料盘转到卸料位置时，活动底盘7被开盖销碰开，物料靠自重落下卸出，经成型器充填入包装袋内。随后转盘继续回转，使活动底盘碰到闭盖销21，令其回复原位，重新开始另一个充填计量的过程。

开盖销和闭盖销安装在开闭销支座20上，并通过它与轴承座19固定。供料器的动力由传动机构通过双联齿轮10传入，并带动离合齿轮13，再通过离合滑套16驱动转轴15运转，从而带动料盘回转。必要时，可通过机外的离合手柄扳动拨叉17，使离合滑套16脱离离合齿轮13，使转轴和料盘停止运转，达到暂停供料的目的。

供料器的充填时间要与制袋热封动作密切配合。当制袋热封与充填不适应时，可将双联齿轮10抬起，脱离离合齿轮13，转动料盘，使料盘在开盖时横封辊正处于热封动作。如此调整结束后，再将双联齿轮10回复原位，经过这一调整，改变了齿轮10与13的啮合位置，因而使活动底盘开闭时间与制袋封切相协调。

另外，还有一种可调容积的转盘式定量供料器，这里不再详述。

（6）传动与控制系统。图6-43所示是ZXL-160型自动在线立式制袋包装机的传动系统。主电动机1的动力经无级调速机构2传至减速比为$i=20$的减速器，通过链传动带动主轴Ⅰ运转，再通过主轴分配，形成三路传动路线，分别驱动定量供料器12、纵封滚轮10和横封辊9。

三路传动路线如下：

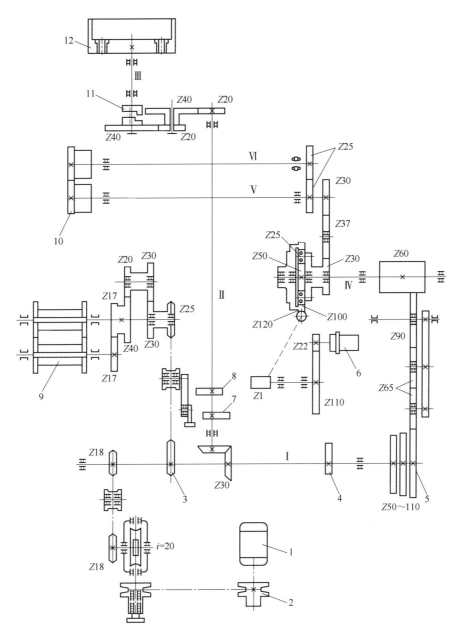

1—主电动机　2—无级调速机构　3—偏心链轮机构　4—计数凸轮　5—间隔齿轮　6—伺服电动机
7—下凸轮　8—上凸轮　9—横封辊　10—纵封滚轮　11—离合器　12—定量供料器

图 6-43　传动系统

① 主轴 I 通过锥齿轮 Z30 带动立轴 II，再经过齿轮 Z20 及 Z40 驱动轴 III，使定量供料器 12 回转。立轴 II 上装有凸轮 7 和 8，控制微动开关，作为信号同步检测装置。

② 主轴 I 通过间隔齿轮 5 和过渡齿轮 Z65，Z90 带动齿轮 Z60 使轴 IV 旋转。经过差动传动装置，综合伺服电动机 6 输出的补偿速度，再经过齿轮 Z37，Z30 带动轴 V 旋转，驱动纵封滚轮 10 相对回转。

齿轮 Z65、Z90 装配成挂轮式结构，可绕支轴摆动，并可沿支轴左右移动，与间隔齿轮 5 配合可输出不同的转速，以适应不同的袋长要求。

③主轴通过偏心链轮机构 3 输出一个不等速运动，带动齿轮 $Z30$，经齿轮 $Z20$、$Z40$、$Z17$ 驱动横封辊相对回转。通过调节偏心链轮的偏心值可以实现热封速度的调整。

该传动系统的主轴回转一周，横封辊旋转半周，即封切一袋包装产品。当定量供料器配置 4 个量杯时，由主轴到供料器的传动比为 1/4，即每封切一袋，供料器转 90°。

图 6-44 是 ZXL-160 包装机的电气控制原理，供参考。

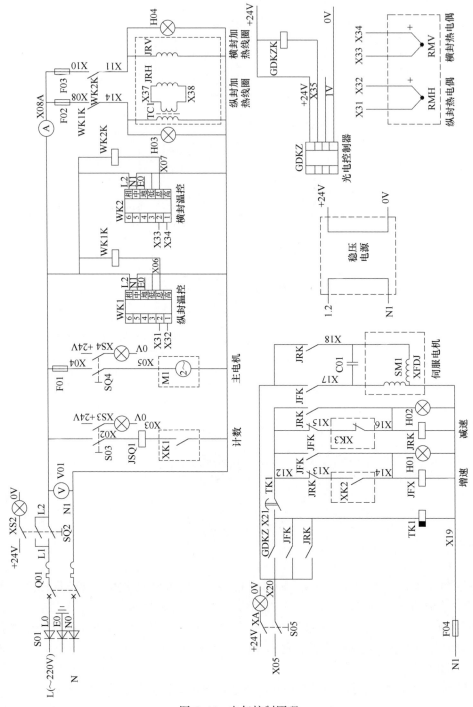

图 6-44 电气控制原理

6.4.3　生产率分析及技术特点

（1）生产率分析。自动制袋包装机的生产率主要与包装容量、纵封牵引时间 t_1、横封切断时间 t_2 及定量供料时间 t_3 有关。

设计时要求机器的运行速度在一定范围内可调，由于上述 3 个基本功能同步进行，因而机器的生产周期 T 应稍大于其中最大的一个。

当包装容量增加时，一般情况下，袋长需变化，而横封切断时间不变，物料定量时间也会发生变化，也就是说纵封牵引时间 t_1、定量供料时间 t_3 会增大，此时整机工作时间可能会发生变化。理论生产率 $Q = 60/T$（包/min）。

机器正常工作后，受到更换包装材料和色带的影响，实际生产率小于理论生产率，操作熟练时可达到理论产量的 95% 甚至以上。

（2）主要技术特点。

① 包装速度在一定范围内可调，可达到与制袋、充填、封合、切断环节的最佳匹配。

② 包装袋的长度可在所定范围内任意设定。

③ 当包装薄膜有色标定位标志时，制袋可实现光电自动检测，定位封合切断，以保证袋图案完整。

④ 与包装薄膜和物料接触的零部件均采用优质不锈钢制造，符合食品卫生要求。

⑤ 机器操作调整方便，维修保养简单，使用寿命长。

6.5　回转式贴标机

贴标机是自动化包装生产线中不可缺少的设备，是将标签与容器组合在一起的机械，有多种工艺方式和机型，属于自动装配机械。

连续回转式贴标机在自动化生产线中使用较多，已呈系列化、标准化、通用化设计，适用于啤酒、白酒、饮料等容器的贴标。

本节以 TB24-8-6 型贴标机为例，介绍其工作原理、工艺结构等基本知识。

6.5.1　技术特征与工作过程

（1）主要技术特征。TB24-8-6 型贴标机主要用于对瓶装玻璃容器纸质标签的贴标。主要由传动系统、输瓶星轮装置、进瓶螺旋装置、托瓶转塔、标签盒、涂胶装置、贴标转鼓、取标转鼓、熨平装置、机架、自动控制系统、润滑系统、气路系统、CIP 系统等组成，其主要技术参数见表 6-7。

（2）工作过程。TB24-8-6 型贴标机的结构主要围绕 3 个部分设计：容器运行部分、标签纸运行部分、胶水供给部分，这 3 个部分协调同步地运动，机器才能正常工作。图 6-45 所示为贴标机结构示意图。

整机的工作过程主要为上胶、取标、传标、贴标、滚压和熨平。

① 上胶。取标转鼓上的取标板经过涂胶装置涂上胶水。涂胶装置包括自动供胶水系统、胶量调节系统等。

表 6-7   TB24-8-6型贴标机主要技术参数

主要技术参数	参数值	主要技术参数	参数值
公称生产能力(变频调速)/(瓶/h)	26000	标签宽度/mm	背标最大为70，身标最大为130
托瓶盘数/个	24		
取标板数/个	8	主电机功率/kW	7.5
夹标转鼓夹指数/个	6	机器净重/kg	5000
适用瓶高/mm	150~350	机器外形尺寸(长×宽×高)/mm	3265×2480×2200
适用瓶径/mm	50~100		

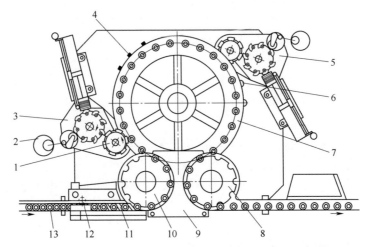

1—夹标转鼓 2—胶水桶 3—第一标站 4—毛刷 5—第二标站 6—海绵滚轮 7—托瓶台
8—出瓶星轮 9—中心导板 10—进瓶星轮 11—螺旋输瓶器 12—止瓶星轮 13—容器

图 6-45 贴标机结构

② 取标。取标板从标盒中取出标签纸，一次只能取一张，做到无瓶不取标纸。

③ 传标。夹标转鼓把取标板取出的标签纸传送到粘贴位置。

④ 贴标。涂好胶的标签纸被传送到粘贴位置，同时待贴标容器也到达粘贴位置。容器由输送链经螺旋输瓶器被送到输瓶星轮，之后按贴标工作节拍逐个送到指定贴标位置。

⑤ 滚压和熨平。标签纸被贴到容器上，由熨平装置将标签纸围绕瓶子紧密贴合，避免起皱、鼓泡、翘曲、卷边，最后由出瓶星轮装置将贴好标签的瓶子送出贴标机，进入下一道工序。

图 6-46 是贴标机的工作过程示意。

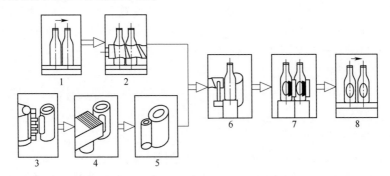

1—平板链送进瓶 2—螺旋输瓶器送瓶 3—上胶 4—取标 5—传标 6—贴标 7—滚压熨平 8—平板链出瓶

图 6-46 贴标机工作过程示意

6.5.2　主要组成结构分析

贴标机通常由传动系统、容器输送装置、标签输送装置、胶水供给装置及自动控制系统组成。

（1）传动系统。贴标机工作台上运行的各个机构以及标签台各部件的工作动力均来自传动系统，如图 6-47 所示。

电动机 3 经过皮带减速将动力传到蜗轮减速器 4 的蜗杆轴上，由蜗轮经齿轮传动驱动托瓶转塔 2 运动；进瓶星轮 6 和出瓶星轮 5 的驱动力分别来自托瓶转塔上的齿轮，进瓶螺旋输送器 7 在进瓶星轮 6 处获得动力。标签台 1 上的取标转鼓、夹标转鼓的驱动力来自蜗轮减速器 4 和联轴器。

为满足不同生产能力的需要，贴标机速度控制采用变频调速。托瓶转塔的升降运动可以设为手动、电动两种，升降目的是使贴标机适应不同的瓶高要求，应用范围更加广泛。

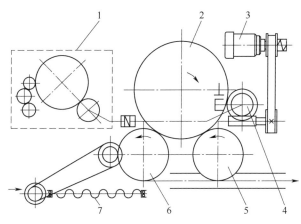

1—标签台　2—托瓶转塔　3—电动机　4—蜗轮减速器
5—出瓶星轮　6—进瓶星轮　7—进瓶螺旋输送器
图 6-47　传动系统示意

（2）容器输送装置。根据图 6-45 所示，容器由输瓶带送至止瓶星轮 12 处，被锁住的止瓶星轮卡住，而输瓶带不断运行，被挡住的容器逐渐增多，容器不能前进，便向输送带两侧排列，在输瓶带两侧的旁板上装有感应开关。容器增多压向旁板触动感应开关，产生电信号使电磁阀打开通气，压缩空气使锁着止瓶星轮的气缸开锁，止瓶星轮与旁板共同作用，允许瓶子单列通过，被输送至进瓶螺旋输瓶器，接着被输入进瓶星轮；进瓶星轮与中心导板配合，改变容器运行方向并等距地将容器送入托瓶转塔。

托瓶转塔由托瓶台和定瓶组件两部分组成，如图 6-48 所示。容器被送到托瓶台 6 上的托瓶盘 7 时，定瓶组件 4 的压瓶头在压瓶凸轮 2 的作用下压住容器顶部，并随托瓶盘一起转动，将容器送到贴标工位。此时托瓶盘与夹标转鼓位置相切，容器在此位置粘贴标签纸，粘贴面积比较小，标签纸位于托瓶下的切线方向，随着托瓶台的转动，容器在托瓶盘上和压瓶头一起顺时针转 90°，使标签纸未粘贴部分通过刷标工位，毛刷顺利地把标签纸刷服，贴在容器壁上，也有逆时针的转动，使标签纸的另一边也被毛刷刷服，通过这样的摆动，标签被刷平，与瓶身吻合贴好。

完成贴标后的容器到达出瓶星轮时，压瓶头在压瓶凸轮的作用下升起，解除对容器的压力，容器经出瓶星轮输出。

（3）标签输送装置。如图 6-49 所示，在标签台上完成抹胶、取标、送标至夹标转鼓的工作过程。均布安装在标签台 4 上的取标板 5，在动力驱使下围绕盘心转动，胶辊 6 及夹标转鼓 3 同步转动，取标板受标签台内的凸轮曲线控制，在各自位置按所设计的角度摆动。当取标板运行到胶辊 6 处，按一定摆动规律与胶辊做纯滚动，取标板在离开胶辊位置时，其弧

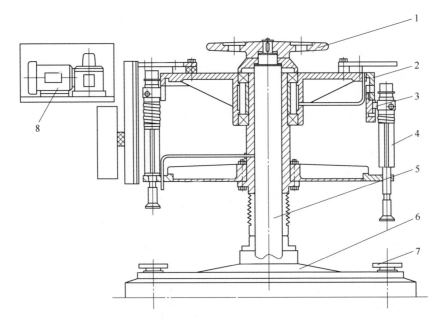

1—手轮　2—压瓶凸轮　3—滚子　4—定瓶组件　5—主轴　6—托瓶台　7—托瓶盘　8—电动机及减速机

图 6-48　托瓶转塔结构

面 AA' 各处均匀与胶辊接触一次，如图 6-50 所示。胶水不断地从胶水桶被抽吸至胶辊上，在胶水刮刀的作用下，胶辊表面刮出一层薄的胶水膜，取标板与胶辊滚动时，其表面便粘上胶水。

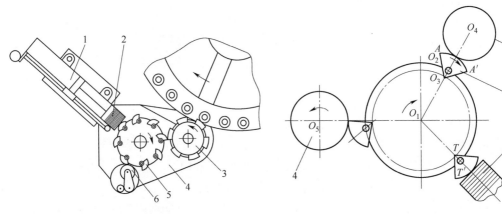

1—标签盒　2—标签纸　3—夹标转鼓　　　　1—胶辊　2—取标板　3—标签盒
4—标签台　5—取标板　6—胶辊　　　　　　4—夹标转鼓　$T—T'$ 是取标板中心线
图 6-49　标签台组件示意图　　　　　　　　图 6-50　取标过程示意

　　取标板粘上胶水后转至标盒位置，经过自身摆动，其一侧首先与标签纸的一侧相接触粘住标签纸，随着转动的继续，取标板粘起这一侧标签纸并使其脱离抓标钩的约束。取标板在这处的运动规律是弧面 AA' 各点与标签纸面做切向滚动。当取标板从标签纸的一侧运动到另一侧时，整张标签纸便被粘出。取标板取到标签纸后，再交给夹标转鼓带去粘贴容器。

　　（4）胶水供给装置。回转式贴标机的胶水供给装置属于机外供给装置，如图 6-51 所示。盛满胶液的胶水桶 2 内有一抽吸管 3，抽吸管外周环绕着电热盘管 1，在气缸 4 的带动下抽吸管做上下往复运动，不断地把经过加热的胶液通过上管道 5 送往温度显示器 7，反映通过该管的即时温度，胶液通过该管后从胶辊 9 的上端流下来，在胶水刮刀 8 的作用下布满胶辊整个外圆表面，多余的胶水则顺着下管道 6 流回胶水桶。

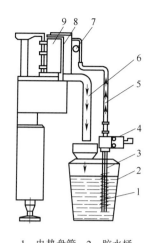

（5）自动控制系统。TB24-8-6 型贴标机的自动控制系统分为工作速度控制系统和无瓶不上胶、无瓶不取标的功能控制系统。

① 工作速度控制系统。如图 6-52 所示，机器开始运转，瓶子由进瓶输送带送至止瓶星轮 2 处，当瓶子增多压住进瓶控制行程开关 1，行程开关 1 预设延时时间一到，开关动作，止瓶星轮 2 打开，瓶子进入机器。此时，胶水供送系统 3 的胶水刮刀打开，使胶辊上有一层预调好的胶水薄膜。在瓶子到达贴标工位之前，机器以低速运转，瓶子开始贴上标后，机器自动加速到预调好的最高速度。从止瓶星轮打开到机器加速的时间可以用时间继电器调节。

1—电热盘管　2—胶水桶
3—抽吸管　4—气缸
5—上管道　6—下管道
7—温度显示器　8—胶
水刮刀　9—胶辊
图 6-51　胶水供给装置

机器正常工作时，进瓶控制行程开关 1 动作，出瓶控制开关 6 和 7 不动作。若出瓶输送带堵塞，瓶子会集聚在出瓶输送带上使开关 6 动作，此时进瓶端的止瓶星轮 2 关闭，胶水刮刀关闭，标签盒后退，取标板便取不到标签。若堵塞状况消除，出瓶端瓶子减少不再压住开关 6，过了延时时间，胶水刮刀和止瓶星轮便自动打开，机器又继续正常运转。

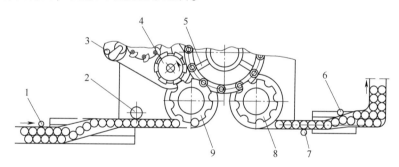

1—进瓶控制行程开关　2—止瓶星轮　3—胶水供送系统　4—夹标转鼓　5—托瓶台
6、7—出瓶控制开关　8—出瓶星轮　9—进瓶星轮
图 6-52　瓶流控制示意图

② 无瓶不上胶、无瓶不取标的功能控制系统。贴标机的标签台上各取标板连续运转，不断地从胶辊上抹取胶水，又不断地从标签盒取标，由夹标转鼓夹取标签纸至贴标位置。如果瓶子不能到达贴标位置，而取标板、夹标转鼓仍不断取标、放标，就会造成标签纸的浪费。另外，取标板不断接触胶辊粘走胶水，却没有瓶子来粘贴标签，这样胶水在取标板上积累变厚而成为条状，在转动情况下飞离取标板向四周散布，也会造成胶水的浪费和机器的污染。因此，贴标机采用了无瓶不涂胶、无胶不取标的功能控制系统。

无瓶时，标签盒后退一段距离，使取标板接触不到标签纸，实现无瓶不取标。在标签盒下的工作台内设有气缸，用于推动工作台沿自身导轨前进与后退。当安装在进瓶输送螺旋处的感应器感应到有瓶子进入时，电磁阀便接通气缸，驱动标盒工作台前进的气路，使标签盒按设定的行程前进。反之，即无瓶时，电磁阀接通气缸，驱动标盒工作台后退的气路，使标盒后退。同样，上述的感应功能也控制着胶水刮刀接近与离开胶辊，胶水刮刀处也安装了气缸，有瓶时，电磁阀打开，气缸动作，使胶水刮刀离开胶辊预先调定的一段距离，即工作位置，此时便有胶液通过。无瓶时，气源切断，胶水刮刀在弹簧力的作用下回复到预设阻挡胶水通过的位置，达到无瓶不涂胶的目的。

6.5.3 生产率分析及技术特点

（1）生产率分析。回转式贴标机的生产能力与托瓶转塔的转速和托瓶盘的分布数量有关，其计算公式为

$$Q = 60n \cdot N \tag{6-5}$$

式中 Q——贴标机的公称生产能力（瓶/h）；

　　　　N——托瓶盘的分布数量（工位数）；

　　　　n——托瓶转塔的工作转速（r/min）。

由式（6-5）可知，有两个主要因素影响回转式贴标机的生产能力：①贴标机托瓶转塔的工作转速；②托瓶盘的分布数量。其他因素如涂胶速度、粘贴速度、标纸的强度及重量也会影响贴标机的生产能力。

欲提高贴标机的生产能力，仅靠提高托瓶转塔的工作转速会受到一定的限制。在贴标过程中，如果胶水过稀，则高速旋转时胶水可能被抛洒到四周，标纸便涂不上胶水，粘贴不到瓶子上；如果胶水过稠，则涂胶厚度不容易控制，标签容易被粘贴到涂胶机构上，或粘落标签，使瓶子无贴标。

另外，胶水有一定的干燥时间，未干燥前其黏性较小，当高速粘贴时，在离心力的作用下，标签容易被甩歪、甩脱，因此，贴标机的工作转速调节受到一定的限制。若增多托瓶盘数量，贴标机转盘尺寸会增大，随着半径的增加，离心力相应增加，对瓶子的稳定性造成影响，故增加托标盘数量也受到制约。通常要综合考虑多方面因素，提高贴标机的生产能力。

表6-8所列是目前我国啤酒企业常用生产能力为2万瓶/h以上的贴标机托瓶盘数量、取标板数量、转鼓夹指数量与生产能力对照表。

表6-8   生产能力与工艺盘数量对照表

公称生产能力/（瓶/h）	托瓶盘数量/个	取标板数量/个	转鼓夹指数量/个
20000	18	8	6
26000	24	8	6
36000	30	8	6
48000	40	8	8

（2）主要技术特点

TB24-8-6型贴标机目前在我国大中型啤酒生产企业中广泛使用，具有如下特点。

①采用回转式连续贴标工作原理，运动精度高，具有无级调速功能，生产能力适宜范围广泛，占地面积小。

②设有胶水温度调节系统，按照环境温度设定最佳粘贴温度，贴标质量更好。

③具有无瓶、无胶、无标的全自动控制功能，标签、胶水损耗较少。

　　④ 托瓶凸轮部件设有专用的集中供油循环润滑系统，标签台有单独的叶片泵供油润滑，润滑油点分布合理，各个运动部件可得到充分的润滑。

　　⑤ 可根据实际情况选配贴标的种类，更换、调节零部件的操作方便，适用瓶型广泛。

思考及综合分析题

1. 塑料注射成型可以分为几个阶段？各个阶段的要点是什么？
2. 塑料注射成型机合模装置的主要作用是什么？对该装置的要求是什么？
3. 如何确定灌装机拨瓶星轮和螺旋输瓶器的高度？
4. 简述灌装机的高、低液位控制阀的工作原理。
5. 含气液体和不含气液体装瓶时各有何要求？有何保证措施？
6. 灌装压盖机高度调节装置的作用是什么？
7. 试分析并回答糖果包装机扭结机械手的工作原理。
8. 如何保证糖果包装机使用的薄膜在输送时不出现松展现象？
9. 试分析自动制袋包装机的工作过程。
10. 自动制袋包装机主要组成结构有哪些？
11. 如何理解薄膜"跑偏现象"？有何防止措施？
12. 影响薄膜封结的因素有哪些？
13. 塑料封口机的热封头外面增设四氟布的作用是什么？
14. 试回答贴标机的工作过程。
15. 请分析影响贴标机生产率的因素。
16. 简述无瓶不取标、无标不涂胶、无瓶不贴标的工作原理。

第7章 典型自动生产线实例

在学习自动机械及生产线的基本理论知识、常用装置、检测与控制装置、典型自动机械的工作原理和结构的基础上，本章将以轻工业典型自动生产线为实例，学习如何根据产品的生产工艺要求，选择适当的单机或装置来组成自动化生产线。本章为第6章的延伸和扩展，也是前面各章节所学知识的综合运用。

7.1 自动生产线设备的选用

7.1.1 设备选用的基本原则

自动生产线中设备的选型就是从可以满足基本工艺需要的不同型号、不同规格的设备中，通过技术分析、综合评价和比较，选择出最合适企业需求的自动生产工艺系统。

正确合理地选择设备，能使有限的投资发挥最好的经济效益。设备选型应该遵循生产适用、技术先进及经济合理原则。

① 生产适用。根据企业的生产能力，所选择的设备应适合企业的生产实际工艺需要，同时预备适当的发展空间，满足生产规模改变或开发新的产品工艺的需要。

② 技术先进。技术先进以生产适用为前提，按照企业发展的实际情况，优先选用新技术工艺设备，切忌选用技术上已经或即将淘汰的设备。

③ 经济合理。在满足上述条件的情况下，尽量以最少的经济投资取得最大的效益。

生产适用、技术先进、经济合理三者相互制约。通常技术上先进的设备其生产能力比较高，自动化程度也较高，适合于大批量、连续化生产的现代化大企业。如果中小型企业生产量不够大而选择使用此类设备，会造成能源、资金的浪费，也不能使设备发挥应有的能力。因此，设备的选型要权衡各方面因素。

7.1.2 设备选用应考虑的因素

（1）设备技术的先进性。随着科学技术的不断发展，新产品、新技术、新工艺不断涌现，生产设备更新换代快，特别是机电一体化技术的发展使机械产品发生了更大的变化，关键单机都是用计算机编程控制，通过触摸屏操作实现人机"对话"。

设备选型时，在生产适用的前提下，根据企业实际发展的需要，应尽可能选择生产能力较高、技术先进的新型设备。

一般来说，大型生产企业应该选择自动化程度高、生产能力相配套的生产线。对于多品种、产品变化快的企业，如食品企业，应选择适应范围广的组合生产机，以适应生产工艺变化快的要求。

（2）设备的可靠性。设备的可靠性是保证产品生产质量和设备生产能力的前提条件，很大程度上取决于设备的设计，因此，选择设备时必须考虑设计质量。

首先是设备结构的合理性，如结构设计、机构选择、构件尺寸、材料选用等；其次要考虑设备自身的防护性，如防震、过载保护、防污染、润滑等；最后还应考虑设备控制的合理性。

可靠性的定量标准是设备的可靠度，即设备的全部系统（包括零部件）在规定条件下、规定时间内，无故障地执行预定工作的效率。规定的条件是指环境、负荷、操作、运转及养护方法等，规定时间一般指设备的设计寿命周期，故障就是系统丧失其应有的功能。

（3）设备的消耗性。设备的选择要考虑其消耗性，即设备对能源、原材料的消耗情况。在保证生产的前提下，能源消耗量越低越好，如同样是用电源作动力的设备，生产能力相同的情况下，耗电量低的应作为首选。

设备所消耗的能源价格越低越好，同样生产能力的设备，选择以电能、燃油还是燃气做动力，要结合国情，根据当地的实际，做出合理选择。一般选择本企业、本地区能够保证供应的最经济的能源。

在原材料消耗方面，应该注意生产材料的有效利用率，尽量减少对环境资源、生产物品的破坏。

（4）设备的操作性、安全性。设备的操作性、安全性是指设备应该适合人性化安全操作，达到最佳的宜人状态。应从以下几个方面考虑。

① 工作机的操作结构符合人的形体尺寸要求，操作装置的结构、尺寸应该使操作工容易接触、方便操作。例如，食品包装线上的输送平台高度、输送链高度一般为 800 ～ 1200mm，并且设计上做到可以调节。大型设备的人行道宽度、维修梯子宽度、梯子倾斜度、承载力、脚踏钢板等都要按照相关标准设计和制造。

② 设备的操作系统应该符合人的生理特点。包括人承受负荷能力、耐久性、动作节奏、动作速度等。

③ 设备的显示系统应直观、准确，尽可能采用计算机中心控制。提示、报警信号应符合人的心理特点，料位观察窗口设置合理、适宜观察。

④ 选择设备时要先考虑有安全保护功能、自锁性好的设备；对在高温、高压、高辐射、强光、强振动条件下工作的设备应该特别注意设备的必要保护设施，如塑料制品的注射成型机、杀菌设备、蒸汽处理设备等。

（5）设备的成套性。设备的成套性和生产线的生产能力关系密切，是实现生产能力的重要标志，体现在 3 个方面。

① 单机配套，是指随单机工作的专用工具、附件、零部件、备品配件等。例如，液体灌装机要有适应不同容器类型的随机更换件，易损零部件等要和单机配套选择。

② 机组配套，是指生产线上主要工艺装置、辅助工艺装置、控制装置之间要配套。例如，香肠类生产线上的粉碎机、斩拌机、充填打卡机、杀菌机等主要工作机的生产能力要和输送泵、供送系统速度控制等辅助工作机的生产能力相匹配，否则会影响正常生产。

③ 项目配套，是指生产线所需设备的工艺、人员、原材料输送等的配套。例如，输送线上人员的数量应合理配备，若配备不当会影响生产的正常组织管理等。

（6）设备的灵活性。设备的灵活性是指设备的适应性能和通用性能。即设备应能适应不同的工作环境，适应生产能力的波动变化，适应不同规格产品的生产工艺要求。例如，大型饮料企业灌装生产线上所使用的灌装封口机采用灌装、旋（压）盖一体化机型，其压盖头和旋盖头与机体之间有很好的互换性，生产玻璃瓶压盖类产品时使用压盖头工作，生产聚酯瓶旋盖类产品时便换上旋盖头工作。当然，其他零配件也要做必要的更换。

（7）设备的维修性。选择设备时，对于其维修性可以从以下几个方面衡量。

① 机器结构合理且简单。机器总体布局合理，各零部件结构合理并便于安装、检查和维修。在满足相同使用功能的前提下，结构应尽可能简单，需要维修的零部件数量最少且容易拆卸。

② 机器结构先进。工作机尽可能采用参数自动调整机构、磨损自动补偿机构。

③ 标准性好。尽可能地采用标准零部件和元器件，减少机加工零件，以满足互换性要求，给维修工作带来方便。

④ 采用模块组合制造。设备容易被拆卸成几个独立的部件、装置和组件，并且无须用特殊方法就可装配成整机。

⑤ 有状态监控和故障自动诊断能力。利用仪器、仪表、传感器和配套仪器，检测自动机各部位的温度、压力、电流、电压、振动频率、功率变化、成品检测等各项工艺参数动态，以判断自动机运行的技术状态及故障发生的部位。

出现故障后，设备某些特性改变，会产生机械、温度、噪声、电磁等方面物理和化学参数的变化，发出不同的信息。捕捉这些变化的特征，检测变化的信号和规律，就可以判断故障发生的部位、性质、大小，分析原因和异常情况。

（8）设备的经济性。衡量自动机械的经济性，应该以设备的寿命周期为依据。既要对选型方案做周期费用比较，也要用价值工程学知识做选型方案的投资效益分析比较，以选择经济上最为合理的方案。

总之，选择生产线设备时要考虑的因素有很多，对全线的工作主机和辅机都要认真分析，对工艺难度大、加工要求高的工作主机，适当加大投资，选择技术先进、工作性能好、自动化程度高、制造企业信誉好的自动机械；对工艺动作要求简单、加工要求并不高的辅助设备，在满足使用要求的条件下，可以选择少的投资，选用一般的机械。选择设备时避免走极端，认为设备价格越高机器就越好，或者认为价格越低越经济。

作为工程技术人员，要有严谨的态度、节俭的原则，对社会、对企业高度负责的精神，正确合理地选好设备、用好设备和管好设备。

7.1.3 设备选用的基本步骤

设备的选型通常分三步进行。

（1）第一步 广泛筛选。筛选就是广泛调查，收集制造企业的产品样本、产品目录、广告信息、展览会资料等，并将收集到的资料信息分类汇编，从中找出适合自己企业需要的设备类型。

（2）第二步 分类细选。在第一步的基础上，对初步确定的机型、厂家做进一步的调查，包括设备质量、性能参数、工作特点、价格等方面，对产品的供货情况、供货方式及产品备品、配件做详细咨询，了解其他已使用该产品的用户对产品的反馈、评价。经过认真的分析，大体锁定几个生产厂家。

（3）第三步 最后选择。在细选的基础上，与有关企业做进一步深入的交流。对于关键设备要到制造企业或用户企业实地考察，深入细致研究、分析，进行必要的试验，对机器附带的零部件、专用工具、服务方式、服务公约要事先了解清楚，并做好记录，对机器各个方面按照指标综合评价，商议价格。同时做出 2~3 个方案，最后权衡各个方面因素，经过有关部门领导决策、批准，签订合同。

以上三个步骤适合于单机的选择，对于添置整条生产线的企业，或新开办并上一定规模的企业采购整线生产设备时，要以组织招标的方式进行。在招标会上，参与竞标的企业都要向采购方提供详细的设备工作性能参数、市场价格、服务方式等，最后由购方全面衡量，选择最适合企业的供货方。

7.2　液体包装自动生产线

日常生活中，液体或半液体的产品很多，如各种酒类、果汁饮料、纯净水、鲜奶、调味品等，这类产品最常见的包装形式就是将其灌入各种瓶、罐类容器中并加以密封。自动完成对液态产品灌入容器并进行包装的成套设备，就是液体包装自动生产线，它是轻工行业自动化程度较高的机电一体化设备。

本节介绍一条我国自行设计制造的生产能力为 36000 瓶/h 的啤酒包装自动生产线。在啤酒业，人们习惯将啤酒包装自动生产线称为啤酒灌装线，该线已在国内大中型啤酒企业投入正常使用。

7.2.1　基本工艺流程及布局

（1）工艺流程。图 7-1 所示是公称生产能力为 36000 瓶/h 啤酒灌装线流程。

其主要组成单机有卸箱机、洗瓶机、验瓶机、灌装压盖机、杀菌机、贴标机、装箱机或热收缩薄膜包装机等。

（2）生产布局。

① 车间生产布局依据的条件。进行车间的平面布局设计，需提供以下资料：生产线的规模及生产工艺要求；车间建筑平面图；啤酒瓶及瓶箱规格，配套设备情况及相关资料；用户要求。

工程设计部门按照以上条件拟出方案，经用户认真审查后进行施工图设计。

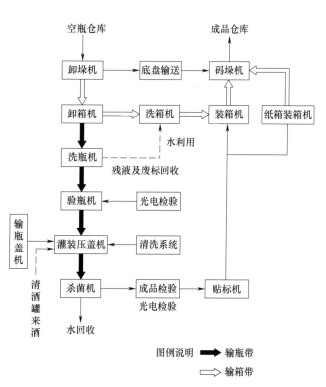

图 7-1　啤酒灌装线流程

② 平面布局应注意以下事项。

a. 设备分布间隔要合理，场地使用要合理，布局要紧凑。

b. 各台设备的操作位置应该尽量考虑集中在一个公共的操作场地，形成一个操作中心，也便于操作者之间互相照应，实现一人操作两台机器，减少操作工数量。

c. 操作者通道畅通，位置宽松，有良好的通风采光及安全设施，充分体现以人为本的企业管理理念。

d. 输送系统有较大的缓冲时间和储存能力，使瓶子运送畅通。

e. 车间内要有一定的空箱和木板堆放空间。

f. 车间内或设备间有一定的维修场地。

g. 预留以后扩大生产的余地。

③ 啤酒灌装线平面布局形式。我国大中型啤酒企业，其灌装线车间平面布局因生产、设备、场地等条件的不同而异。归纳起来，可分为两大类：直线布局和"U"形布局。

图 7-2 所示是直线布局形式。灌装线设备基本呈"一"字形布局。空瓶从车间一端输入，经过卸箱→洗瓶→灌装压盖→杀菌→贴标→装箱→码垛→成品，成品从车间另一端输出。

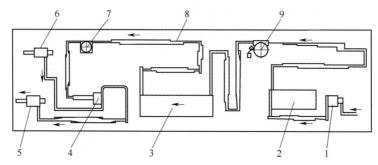

1—卸箱机 2—洗瓶机 3—杀菌机 4—装箱机 5—装箱机
6—洗箱机 7—贴标机 8—输瓶带 9—灌装压盖机
图 7-2 啤酒灌装线直线布局

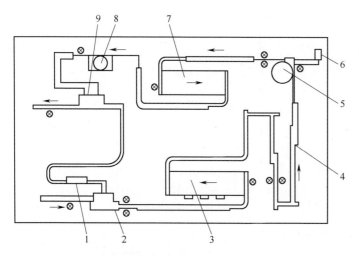

1—洗箱机 2—卸箱机 3—洗瓶机 4—输瓶带 5—灌装压盖机
6—瓶盖输送机 7—杀菌机 8—贴标机 9—装箱机
图 7-3 啤酒灌装线"U"形布局

这种布局方式适合呈长方形结构的车间，具有如下优缺点。

a. 脏瓶区与成品区分隔在车间的两端，二者相距较远，更符合环境卫生要求。

b. 潮湿区与干燥区距离较远，贴标后的成品不容易受潮。

c. 车间区域地面有利于成品堆放，工作环境较好。

d. 卸箱机与装箱机分隔距离较远，使得空箱输送线路拉长，投资较大。

图 7-3 所示是"U"形布局方式，灌装线设备大致呈

"U"字形布局。空瓶和成品从车间同一侧输入和输出。

这种布局方式适合呈近似方形结构的车间，具有如下优缺点。

a. 卸箱机与装箱机之间的空箱输送线路较短，节省投资。

b. 卸箱机与装箱机布置在车间的同一端，运送铲车可以交替使用，提高利用率。

c. 布局比较紧凑，中间有一个公共场地可作设备维修使用。

d. 脏瓶区与成品区在车间的同一端，二者相距较近，有可能使得成品酒受到卸脏瓶时的尘埃污染。

7.2.2　单机生产能力的选配

液态料瓶装生产线的工作步骤与各工艺使用设备见表 7-1。其主要组成单机有卸箱机、洗瓶机、灌装压盖机、杀菌机、贴标机、装箱机等，属于混联型半刚半柔性生产线。

表 7-1　　　　　　　　　液态料瓶装生产线的工作步骤与各工艺使用设备

工作步骤	主要工艺	各工艺使用的设备	典型设备
第一步	卸箱或卸瓶	卸箱机、卸瓶机、卸垛机、理瓶机	卸箱机
第二步	洗瓶、冲瓶或验瓶	洗瓶机、冲瓶机、洗罐机、冲洗机、验瓶机	洗瓶机
第三步	灌装并封口	灌装封口机、灌装压盖机、拧盖机、压盖机、旋盖机、打塞机	灌装压盖机
第四步	杀菌或温瓶	杀菌机、杀菌锅、温瓶机、温罐机	杀菌机
第五步	贴商标及打印日期	贴标机、裹标机、套标机、喷码机	贴标机
第六步	装箱及包装	装箱机、封箱机、收缩包装机、码垛机	装箱机、包装机

下面以啤酒灌装线为例，介绍主要单机生产能力的选配。啤酒灌装线是技术比较复杂、自动化程度较高的轻工业生产线，设备在生产过程中会因各种因素产生故障，造成临时停机从而影响全线生产效率。因此，对于技术要求高、停机相对频繁的单机，其生产能力应该有一定的补偿，以弥补因停机而造成的损失。

啤酒灌装线通常以杀菌机（或灌装压盖机）为基准，其前后设备的生产能力逐级递增 5%~10%，如图 7-4 所示。

以杀菌机为基准，能够保证杀菌机之前各台设备提供足够的瓶子给杀菌机，使其以 100% 的能力运行，也保证杀菌机之后的各台设备发生短时间停机时不会影响杀菌机的运行。也就是说，杀菌机的生产能力

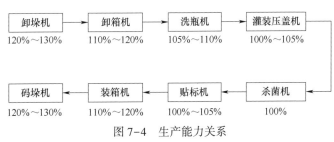

图 7-4　生产能力关系

是包装线的公称生产能力，其他设备的生产能力与之匹配，整个啤酒灌装线才能获得最佳的生产效率。

若杀菌机的公称生产能力为 Q 瓶/h，则生产线上其他单机的公称生产能力依次按照下列原则确定。

（1）卸（码）垛机。考虑会出现木板底损坏、塑料箱排列有误及设备故障等因素，卸（码）垛机的公称生产能力为：

$$Q_{卸} = (120\% \sim 130\%)\frac{Q}{b}(箱/h) \tag{7-1}$$

式中　b——每个塑料箱的装瓶数量。

（2）卸（装）箱机。考虑到箱子变形、未装满或混有杂牌瓶子、设备故障等因素，卸（装）箱机的公称生产能力为：

$$Q_{箱} = (110\% \sim 120\%)\frac{Q}{b}(箱/h) \tag{7-2}$$

式中　b——每个塑料箱的装瓶量。

（3）洗瓶机（贴标机）。考虑到设备故障和杂牌瓶子等因素，洗瓶机（贴标机）的公称生产能力为：

$$Q_{洗}(Q_{贴}) = (105\% \sim 110\%)Q(瓶/h) \tag{7-3}$$

（4）灌装压盖机。考虑到啤酒供料、瓶盖缺陷及设备故障等因素，灌装压盖机的公称生产能力为：

$$Q_{装} = (100\% \sim 105\%)Q(瓶/h) \tag{7-4}$$

啤酒灌装线上主要单机如灌装压盖机、贴标机、洗瓶机、装箱机等采用变频调速控制系统，因此各个单机生产能力之间互相协调更加方便，单机生产能力的选择也比较方便。

7.2.3　设备的选用实例

以玻璃瓶装啤酒灌装线为例。

（1）工作过程。图7-5所示为瓶装啤酒无菌灌装线，该生产线工作过程已经基本实现了全自动化。

卸垛机3把堆成垛的空箱卸下放在输箱带上，由输箱带送到卸箱机9的位置。卸箱机把

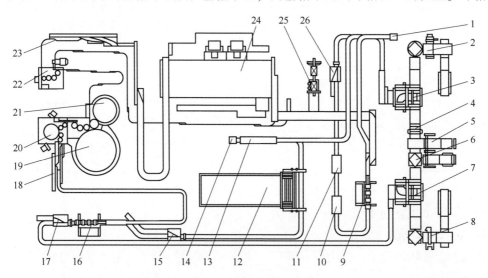

1、14—瓶箱翻转机　2—解包机　3—卸垛机　4—垛板检验　5—垛板库　6—垛板输送机　7—码垛机　8—捆扎机　9—卸箱机　10—预喷淋　11—除盖机　12—空库　13—洗箱机　14—洗箱检验　15—空箱检验　16—装箱机　17—成品载箱检验　18—道叉分流　19—灌装压盖机　20—贴标机　21—空瓶冲洗机　22—空瓶验瓶机　23—整理输瓶　24—洗瓶机　25—新瓶卸载　26—空瓶载箱检验

图7-5　瓶装啤酒无菌灌装线

瓶子从箱里取出，放在输瓶带上，被送到洗瓶机 24 的位置。经过洗瓶机的进瓶输送装置送进洗瓶机内部，按照洗瓶机的工艺流程完成洗涤，经空瓶验瓶机 22 完成检验。合格的瓶子经过空瓶冲洗机 21 进行冲洗和杀菌处理。之后被运送到灌装压盖机 19，按照灌装压盖机的工艺流程完成啤酒的灌装瓶和封盖。

对酒质进行检验。合格的瓶酒被运送到贴标机 20 处进行贴标签工序操作。完成贴标和印码的瓶酒被送到装箱机 16 或包装机的工作位置，将瓶酒装进箱子，再由码垛机 7 堆垛，最后由输送系统将产品送到仓库。

（2）主要单机工艺流程分析

① 洗瓶机。用于清洗回收的啤酒玻璃瓶，使瓶子达到无菌、无残标的标准，符合卫生要求。主要结构有进瓶装置、出瓶装置、除标装置、传动系统、喷淋及管路系统、控制系统、加热装置等。洗瓶机基本工艺流程如图 7-6 所示。

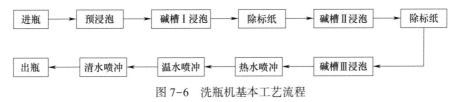

图 7-6　洗瓶机基本工艺流程

预浸泡槽温度一般设定为 35~45℃，碱槽Ⅰ温度设定为 55~65℃，碱槽Ⅱ浸泡温度设定为 70~75℃，碱槽Ⅲ温度设定为 75℃左右，热水喷冲温度设定为 45~55℃，温水喷冲温度设定为 30~40℃，清水喷冲即为常温 20℃左右。各浸泡时间根据浸泡槽的长度和瓶盒运动速度而定，喷淋时间根据喷淋跟踪架的运动和瓶盒运动速度而定。

② 灌装压盖机。灌装压盖机的工艺流程如 6.2 节所述。

③ 杀菌机。啤酒酿造出来后含有酵母菌和其他杂菌，必须经过滤或杀菌处理。普通啤酒常采用巴氏杀菌法处理，达到质量卫生要求。

杀菌机主要由进瓶装置、出瓶装置、输送链网装置（或栅条输送）、喷淋管路系统、温度控制和电气控制系统等。

杀菌机分设几个温区，最高温度一般为 62~63℃，采用严格的控制速度使瓶酒温度逐渐上升。本机杀菌时间定为 10min，总处理时间约为 42min。

④ 贴标机。贴标机的基本工艺流程如 6.5 节所述。

⑤ 装箱机。装箱机用于把已装好酒的啤酒瓶从输瓶带上抓起放进塑料箱里。主要结构有抓瓶头、输箱带、输瓶台、排瓶装置、驱动装置、控制系统等。抓瓶头抓瓶动作采用气动控制，抓瓶头提起、前进、下降动作采用曲柄连杆机构完成。

装箱机基本操作工艺流程如图 7-7 所示。

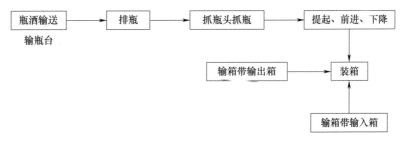

图 7-7　装箱机基本工艺流程

（3）选择设备及性能参数。整线以 640mL 标准啤酒瓶型为依据，按照灌装压盖机的生产能力为基准配置，其他各台单机的生产能力逐级递增。该生产线上主要设备性能参数见表 7-2。

表 7-2　　　　　　　　　　　　　　生产线上主要设备性能参数

序号	设备名称	生产能力	其他性能参数
1	洗瓶机	8000~48000 瓶/h（可调速）	每排瓶盒数量 38 个；瓶盒中心距 95mm；传送链中心距 155mm；进瓶速度 3.4s；瓶通过时间 15.4min；耗水量 0.39L/瓶；蒸汽消耗量 2600kg/h；机槽总容量 49.6m³；运行重量 120t；整机重量 70t；装机总容量 58kW；外形尺寸（长×宽×高）（mm）13750×5600×3115
2	灌装压盖机	36000 瓶/h	装瓶阀数量 112 个；压盖头数量 18 个；适用瓶高 150/350mm；CO_2 消耗量 2.3g/L；水消耗量 1.5m³/h；整机重量 14t；装机容量 30kW；外形尺寸（长×宽×高）（mm）4200×3800×3400
3	杀菌机	40000 瓶/h	最高杀菌温度 62℃，总处理时间 42.6min；杀菌时间 10min；蒸汽消耗量 1500kg/h；水消耗量 2.5m³/h；装机容量 85kW；整机重量 52t；运行重量 100t；外形尺寸（长×宽×高）（mm）18300×4600×3600
4	贴标机	48000 瓶/h（变频调速）	托瓶盘数量 30 个；取标板数量 8 个；夹标转鼓夹指数 6 个；适用瓶直径 φ50~100mm；适用瓶高 150/350mm；标签宽度：背标最大 70mm，身标最大 130mm；机器净重 6.5t；主电动机功率 7.5kW；机器外形尺寸（长×宽×高）（mm）3265×2480×2200
5	装箱机	1780 箱/h（43000 瓶/h）	瓶台宽 2500mm；瓶带宽度 1245mm；输箱带高度 800mm；耗气量 6m³/h；功率 11kW；机器重量 5t

随着工业技术的不断发展，生产上对啤酒的包装要求也在发生变化，仅就瓶装啤酒装箱而言，已有塑料箱（大箱 24 瓶、小箱 12 瓶）、纸箱（以 12 瓶为常见）、热收缩薄膜裹包（3×4 瓶、3×3 瓶）、纸板裹包等。

因此，啤酒包装线的后段工艺随包装要求不同而异，即使是同一个企业不同的包装车间，最后的包装工序也不尽相同。若是纸箱外包装，完成贴标、打码并检验的瓶酒被输送带送至自动纸箱包装机，按照工艺流程完成装箱、涂胶、封箱处理。若是热收缩裹包形式，由贴标机出来的瓶酒被直接送至塑料薄膜热收缩机，按照其工艺要求完成包装。

最后，请扫码观看相关视频，视频 7-1 为桶装饮用水的灌装生产，视频 7-2 为饮料生产线洗瓶机的进瓶方式，视频 7-3 为饮料生产线的纸箱包装过程，视频 7-4 为瓶装生产线装箱机的工作过程。

视频 7-1　　　　　　　视频 7-2　　　　　　　视频 7-3　　　　　　　视频 7-4

7.3　印刷品自动生产线

包装印刷企业应用较多的是书籍装订加工生产线，如平装无线粘胶订联动线、精装书籍联动生产线、骑马订书籍加工与联动线等。

材料工业的发展，特别是热熔胶的出现，为胶订工艺的发展和推广创造了条件。我国印刷机械正在向智能化、绿色化方向发展，目前无线胶订工艺在书刊平装生产中占据重要地位，一条智能化全自动的胶订联动线可节省人工80%，生产效率可提高三倍以上。

与传统的线订、铁丝订工艺相比，无线胶订工艺的优点是装订快，采用热熔胶做黏结剂，粘胶后数十秒即可进行书本裁切，便于组织自动化生产线作业，装订质量高，书背坚固挺实，平整美观，没有线迹和铁丝的锈迹，书籍容易摊开，便于翻阅。

这里对常用的胶粘订联动生产线及印刷生产线的主要设备做简单介绍。

7.3.1　胶粘订联动生产线工艺及布局

（1）工艺流程。胶粘订联动线生产线从配页开始，能够将配页、闯齐、夹紧、铣背、刷胶、粘纱卡、二次刷胶、包封面、烫背等工序连在一起，组成一条自动生产线，这种生产线装订质量好，速度快，适合大批量生产。

图7-8所示是某胶粘订联动生产线工作过程示意图。书芯的加工到包本，包括铣背、打毛、刷书芯胶（上胶）、贴纱布卡纸、包封面等5道主要工序。

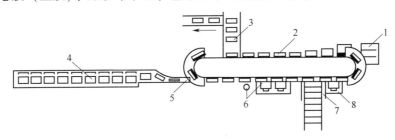

1—输封面上封面　2—夹紧成型　3—出本　4—配页　5—进本　6—夹紧铣背刷胶　7—粘卡纸　8—二次刷胶

图7-8　某胶粘订联动生产线工作过程

① 铣背。被夹书板夹紧的书芯进到铣背工位，用铣背刀将书芯后背铣成沟槽状，以便上胶后每张书页都能够受胶粘牢。纸张越厚，书贴折数越多，铣削深度就越大，一般深度为1.5~3.5mm，钩槽间隔不大于20mm。

图7-9所示是铣背切槽后的书芯书背，沟槽深度 L 一般为0.8~1.5mm，间隔 h 所取范围为2~20mm。

② 打毛。打毛是指对铣削过的光整书背进行粗糙处理，使其起毛的工艺方法，以利于胶的渗透和相互黏结。还有一种方法是在铣过的书背上切出许多间隔相等的小沟槽，以储存胶液，扩大着胶面积，增强纸张的黏结牢固性。

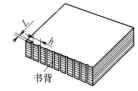

书背

图7-9　铣背切槽
后的书芯书背

③ 刷书芯胶。铣背后的书芯被夹书板送到刷胶工位进行刷胶。因热熔胶流动性好、固化快，一般联动机高速生产均采用热熔胶，其温度控制在170~180℃为好。

④ 贴纱布卡纸。对于厚度大于15mm的书芯，为了提高书脊的连接强度和平整度，在上过胶的书背会粘贴一层相应尺寸的纱布或卡纸条。包贴纱卡后再上一层胶即可进行包本。厚度小于5mm的书芯不贴纱布，上胶后直接包本。

⑤ 包封面。粘完纱卡的书芯要进行二次刷胶以粘贴封面。生产线平台自动输送封面，送到位置后先进行定位，书芯再与封面准确粘合。最后还有压平、烫背等操作，保证书的装订质量。

（2）生产布局。无线胶粘订联动线布置形式多样，但基本组成相似。图7-10所示是某胶粘订联动线平面布置简图。书页经配页机组配页后，形成书芯，书芯经翻转立本机构翻转立本，除废书，定位，由夹书器夹紧，进入铣背工序，将书芯的书背用刀铣平，使书芯成为单张书页；铣背完成后进入打毛工序对书芯进行打毛处理；书背加工完成后，进入上胶工序；然后进入粘纱卡工序，在上胶过的书背上粘贴一层纱布或卡纸，提高书背连接强度和平整度；书芯粘纱卡后，经过上胶面进入包封工序，先将书封皮贴到书背上，再进行加压成型，从三面向书背加压，把封面粘牢，然后进行烫背，进一步干燥，最后封包好的毛本书经三面切书机裁切后获得成品，经计数、包装完成全书胶粘订。

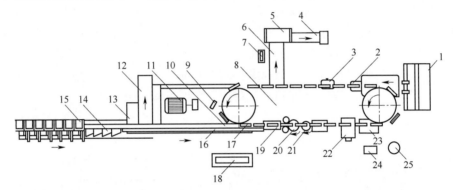

1—给封皮机构　2—贴封皮机构　3—加压成型机构　4—出书传送带　5—计数堆积机　6—传送带
7—堆积机控制器　8—粘胶订机　9—计速表　10—链条　11—主电动机　12—配页机出书芯部分
13—除废书　14—翻转立本　15—配页机　16—进本机构　17—夹书器　18—主控制箱　19—定位平台
20—铣背刀　21—打毛刀　22—贴纱卡机构　23—上封皮胶锅　24—吸尘器　25—预热胶锅

图7-10　某胶粘订联动线平面布置简图

胶粘订联动线结构紧凑，使用灵活，组成联动线的各个机组也可以单独工作。联动线设有多种故障检测系统，对于多贴、少贴、气嘴破裂、通气管阻塞、连续出现废书、纱卡封皮送不到位等都能够及时排除。

目前我国生产的无线胶粘订联动线，最高生产速度为6500本/h，以热熔胶为黏结剂，可装订厚度为3~30mm，开本分为64开双联、大小32开单联和16开单联4种。

7.3.2　印刷生产线主要设备

（1）单张纸胶印机。单张纸胶印机属于一种间接印刷机，通过橡皮滚筒来实现间接印刷。根据一次走纸完成的印刷色数可以分为单色、双色、四色及多色印刷机。根据承印的最大纸张幅面可以分为小胶印机、六开、四开、对开及全张纸印刷机。还有一次走纸可以同时完成两面印刷的双面印刷机。按润版系统可分为酒精机（即酒精润版的胶印机）、水车（即水润版的胶印机）与无水胶印机。

图7-11所示为某对开单色胶印机外形，图7-12所示为某对开双色胶印机外形。

单张纸胶印机的结构组成主要有传动装置、输纸装置、规矩装置、递纸装置、传纸装

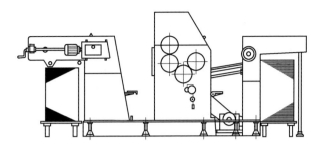

图 7-11　某对开单色胶印机外形

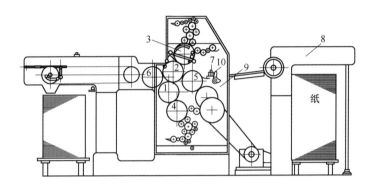

1—下橡皮滚筒　2—上橡皮滚筒　3—上印版滚筒　4—下印版滚筒　5—前传纸滚筒
6—后传纸滚筒　7—上摆式递纸牙　8—输纸机构　9—印刷机墙板　10—定位机构

图 7-12　某对开双色胶印机外形

置、收纸装置、印刷装置、润湿装置、输墨装置、上光装置、干燥装置及控制系统等。

图 7-13 所示是某胶印机的传动系统。主要由电动机、带传动、齿轮传动、链传动等组成，把运动及动力传至各个执行机构，如输纸、规矩、递纸、传纸、收纸、印刷辊、水辊、墨辊、上光等机构。

输纸装置的作用是将纸堆上的纸自动、准确、平稳并与主机同步有节奏地逐张分离开，输送至定位装置进行定位。

规矩装置的作用是使纸张准确、稳定地进入印刷单元，并使图文在纸张上有固定的位置，为后续加工创造必要的条件。规矩装置包括前规、侧规装置。前规是在输纸板最前端，沿着纸张输送方向安装的一个机械部件，对纸张进行纵向定位，确保纸张周向位置。侧规是在输纸板最前端，沿着纸张输送方向安装在两侧的一个机械部件，对纸张进行横向定位，确保纸张轴向位置。一般有两个侧规，工作时只使用其中的一个。设计两个的原因是保证正反面印刷时定

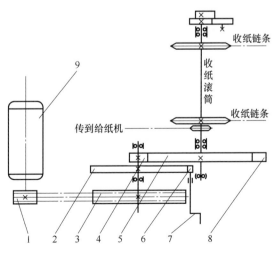

1—小带轮　2—带轮　3—大带轮　4—小齿轮　5—大齿轮
6—齿轮　7—传动轴　8—传动齿轮　9—电动机

图 7-13　某胶印机传动系统

位基准一致，确保套印精度。

当纸张到达输纸板，经过前规和侧规定位后，停在输纸板前，等待着递送给压印滚筒的咬纸牙，把静置的纸张加速到压印滚筒表面的旋转速度，由压印滚筒的咬纸牙排将纸张咬紧并带其旋转印刷，这个过程称为纸张的加速过程，实现纸张加速的机构称为纸张加速机构，俗称递纸机构。递纸机构的类型有直接递纸、摆动式递纸、旋转式递纸、超越式递纸等。

输墨装置是印刷机的关键部分。在印刷过程中，通过输墨装置，把油墨均匀、适量的传递给印版。按照其具体作用有供墨、匀墨、着墨三个部分。

（2）卷筒纸印刷机。卷筒纸印刷机采用纸卷展开的纸带进行连续印刷，应用广泛，主要用于彩报、期刊、商标、票据、邮票等的印刷，具有印刷速度快、生产效率高、印刷装置结构简单、运转平稳等特点，适合双面多色印刷，并带有裁切、折页机组，有利于实现印装联动过程自动化。

卷筒纸印刷机主要结构有给纸装置、接纸装置、印刷装置、干燥装置、折页装置、传动装置、控制系统等。

给纸装置是卷筒纸印刷机给纸部分的关键机构。纸卷的安装方式分为有芯轴安装和无芯轴安装两种。有芯轴安装和更换纸卷时需要人工完成，所需时间长。现代高速印刷机上均采用无芯轴安装方式。

接纸装置是指机器可自动接纸。在高速卷纸筒印刷机中，更换纸卷是很频繁的工作。为了避免更换纸卷时被迫停机，降低印刷机的速度，导致生产效率下降，破坏正常的印刷状态，通常设置有自动接纸装置。自动接纸的基本形式可分为零速接纸和高速接纸，无论哪种接纸方式都是在机器正常工作状态下完成接纸的。零速接纸即在接纸时刻，用于接纸的纸带和被接的纸带速度均为零。高速接纸即在接纸时刻，两纸带均保持输纸速度。

图 7-14 所示为零速接纸过程示意。图 7-14（a）为正常印刷时新旧纸卷所处位置，浮动辊保持在一定的高度；图 7-14（b）为旧纸卷即将用到极限尺寸，浮动辊上升储存纸张，新旧纸带准备交接；图 7-14（c）为新纸卷开始加速，浮动辊下降发出纸带，保证正常的印刷速度；图 7-14（d）为新纸卷已经加速到正常位置，浮动辊上升储存纸带并提供张力，重新架起一个新纸卷。

供送纸卷系统有纸带张力控制装置、纸带引导系统、纸带位置调节、断纸自动检测等。印刷装置的印刷滚筒结构及其如何排列布局，水墨装置的墨辊温度自动控制、自动搅墨、自动加墨、烘干、冷却、涂胶装置的传动系统、控制系统等，这里不再赘述。

（3）数字印刷机。数字印刷机可分为数字直接制版印刷机和数字直接成像印刷机。数字直接制版印刷机实际上是计算机直接制版与传统胶印机相结合的印刷设备，利用激光烧烛成像原理，用计算机控制的激光束将图文信息直接扫描到印版上，形成各色印版，按常规无水胶印方法进行印刷。典型代表是海德堡公司生产的印刷机，实现了制版与印刷工艺过程一体化。

数字直接成像印刷机采用了电子成像或静电复印成像原理，经过处理的彩色图文数字信息控制激光光束或激光二极管列阵，对有机光导体或有机半导体进行扫描，在其上形成静电潜像，随后将相应颜色的电子油墨或墨粉喷射、吸附到滚筒上，潜像部分吸墨，形成墨色图像，然后经橡皮滚筒转印或直接转印到印张上。印版滚筒运转一周完成一色图像转移印刷，油墨百分百转移，下一周期印刷需重新扫描，在印刷滚筒上形成新的潜影，该潜影图像可以是与前面印刷工序相同的版面图像，也可以是计算机提供的更改了的新版图像。

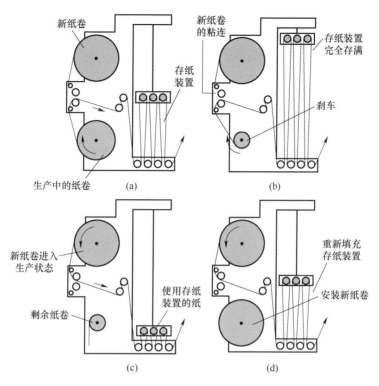

图 7-14　零速接纸过程示意

例如，Indigo 公司的 E - Print1000 数字印刷机把计算机网络、数据处理、激光成像、液晶电子油墨新材料等高新技术巧妙地结合在一起，主要设备有成像滚筒、橡皮滚筒和压印滚筒。图 7-15 所示是 E-Print1000 数字印刷机工艺流程。

可见，印刷设备是典型的机电一体化设备，其品种多，动作复杂，要使自动化印刷设备能够正常工作，操作者必须掌握相应

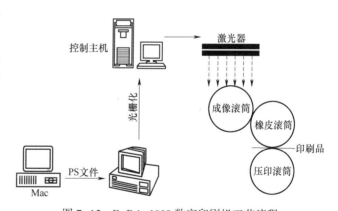

图 7-15　E-Print1000 数字印刷机工艺流程

的机电一体化技术，这样才能使其机械系统、印刷系统和控制系统统一协调工作。

思考及综合分析题

1. 自动生产线主要由哪些要素组成？
2. 自动生产线通常分为哪几类？各有何特点？
3. 生产线中的设备如何选择？
4. 生产线设备布局通常有几种方式？布局时主要考虑哪些方面？

5. 生产线为什么要设置缓存系统？

6. 自动线单机生产能力的选配应该注意哪些问题？

7. 生产线中人机适应性主要考虑哪些方面？

8. 试述印刷品胶粘联动生产线的主要流程和主要设备。

9. 如何理解卷筒印刷机的零速接纸？

10. 除本章所介绍的自动化生产线外，请再举出 1~2 个自动生产线实例，回答其主要组成单机及其原理特点。

第8章　自动机械设计及实例

本章将按照自动机械设计的一般规律，简单阐述其设计内容、设计要求、设计结果等。正确理解和运用这些知识，并结合生产实际，就可初步从事简单自动机械的有关设计。

8.1　设计内容与步骤

8.1.1　设计内容

设计团队对自动机械的设计内容进行认真研究与实施非常重要，必须在广泛调查研究和收集资料的基础上进行综合分析，采用新材料、新工艺、新技术、新机构、新设备等新技术成果。对尚未经过实践验证的新工艺要进行可行性试验，以保证自动机械的总体设计方案技术先进、工艺可靠、经济合理。还应将设计资料编写成文件，并报有关部门审批。

自动机械设计内容通常应包含下列主要内容。

① 明确自动机械的使用条件，应用范围，生产能力要求。对自动机械进行工艺分析，确定自动机械生产产品的工作原理、工艺路线、工位数等，绘制出自动机的工艺原理图或工艺流程图。

② 依据所加工原材料的性能特点、给定的生产能力等，选择自动机械的机型，如卧式机还是立式机、全自动型还是半自动型、单工位或多工位、间歇式或连续式等，以及占用空间尺寸、各部件间的定位尺寸等，绘制其总体布局图。

③ 确定自动机械的工作循环周期，拟定其工作循环图。

④ 综合运用传动学原理及知识，确定自动机械的传动方案。

⑤ 初步选择自动机械各执行机构的结构及运动形式。

⑥ 拟定自动机械的气控、液控、电气原理等控制系统图。

⑦ 综合运用人机工程理论，确定自动机械的人机适应性、维修操作方便性等。

⑧ 论证自动机械总体设计方案，进行技术经济分析，编写设计说明书等技术文件。

自动机械的设计不是一个单向过程，在具体设计过程中，因初步确定的机构参数间出现干涉，或因选择的元件结构所限等因素，有时需要重新确定或修订参数，设计过程需要不断反复和改进，因此，机械设计人员始终要有严谨认真的态度，细心且耐心，具有一种锲而不舍、不辞辛苦的精神。

8.1.2　设计步骤

自动机械的设计通常采用分析论证、拟定方案、结构设计、编写说明书、样机试制与鉴定 5 个步骤。

（1）分析论证。在大量调查研究的基础上，从工艺、技术和经济方面进行综合分析比较，探索自动机械在工艺上的可靠性、技术上的先进性和经济上的合理性。

首先要考虑工艺过程、工艺步骤是否可靠，工艺参数的来源或工艺试验数据是否准确。工艺性较强的自动机械，其执行机构和运动关系是根据工艺参数来设计确定的，工艺参数不准确就会影响机构的设计。其次是考虑技术水平，将所要设计的自动机械与国内外相同或相近类型的机器在产品范围、效率、质量、成品率、可靠性、使用寿命、维护操作等方面进行比较。最后是从经济角度对机器的能耗、操作人数、产品质量、数量等方面进行核算比较。

（2）拟定方案。

① 确定工艺方案。须从产品的质量、生产率、技术先进性、成本、劳动条件、环境保护等多方面进行综合考虑，列出两个以上工艺方案，逐项进行分析比较，对于关键的工艺，必须全面分析工艺测试数据、实验数据，确定一个较满意的工艺方案。

自动机械的工艺方案通常采用工艺原理图来表示，因此，正确表达工艺原理图是完成工艺方案的关键。

② 确定传动系统方案。传动系统是自动机械的重要组成部分，由它驱动各个执行机构按工艺要求完成相应的动作。

传动系统的传动精度直接影响自动机械的加工质量，传动系统的振动、噪声是自动机械振动、噪声的主要来源，传动系统的布局直接影响自动机械结构的复杂程度。因此，传动系统关系到自动机械的性能和结构。

自动机械的传动系统一般都比较复杂，对整机性能影响较大，一般应注意以下几条原则。

a. 传动系统的传动链力求最短。传动链短，传动环节减少，传动零部件数目减少，提高了传动精度、传动效率，减少了成本，使设计、制造及维修都比较方便。

b. 传动系统应具有无级调速功能。采用无级调速功能是为了适应自动机械的工艺要求，使之处于最佳工作状态，对于提高自动机械的加工质量和生产能力都十分必要，目前自动机械基本都采用变频控制技术来实现。

c. 传动系统的精度保持性要好。为此必须合理选择传动零部件的制造和装配精度，同时正确选择传动件的材料和热处理方法，并尽量采用磨损补偿或可调结构等措施。

d. 传动系统应具有安全装置和调整环节。设置过载安全装置是确保在意外事故发生时所有传动环节的安全，所以一般传动系统应设置安全离合器。为了调试方便，在分配轴上可设置盘车手轮，以便调整自动机械时用人工慢速动作。此外，有些执行部件也应设置独立的调整机构，以方便工人调整。

e. 传动系统设计应尽量采用标准件、通用件。这不仅可以减少自动机械设计、制造的工作量，缩短生产周期，而且对保证自动机械的整体质量也十分有利。

传动系统中的动力源可采用电动机直接驱动，也可以用液（气）压驱动或电动机-液（气）压联合驱动。

　　自动机械动力系统中电动机的功率选用，一是取决于各机构完成加工工艺中消耗的有效功率，二是取决于传动系统中消耗在摩擦上的功率，三是取决于克服各种机构惯性而消耗的功率。但这些功率很难准确计算，故在实际工程设计中，通常采用类比法确定自动机械的电动机功率，样机试制之后，再根据实际情况做适当调整。

　　③ 确定执行机构。自动机械的执行机构一般采用凸轮机构、连杆机构、齿轮机构、螺旋机构、杠杆机构或这几种机构的变异和并联、串联组合。机构的运动速度、加速度、运动轨迹是自动机械能否完成工艺动作的关键，其行程、转角必须满足工艺要求。必要时，可绘出各机构示意图，做出机构的位移、速度、加速度线图，进行适当的运动分析或动力分析，进行全面对比，选择性能较好的方案。

　　为了便于进行结构设计，可先初步划分机构组成部件，确定各组成部件的设计基准及主要尺寸。

　　(3) 结构设计。自动机械的结构设计包括总装配图、部件装配图、零件工作图、电气系统与液（气）压系统的设计。

　　① 总装配图。根据已经确定的方案以及初步确定的部件和尺寸，绘成总装配草图。从草图中可以判别各部件或执行机构所安排的位置是否恰当，是否有足够的运动空间，机构是否发生干涉，以及安装、维修、操作是否方便。总的原则是结构要合理紧凑，必要时还可以制成模型。依据这几个方面确定部件之间的装配基准和装配尺寸，最后绘成正式总装配图。总装配图以清楚表示各部件之间关系为准，同时还必须标出总体尺寸、部件之间的相关尺寸、运动构件的极限位置尺寸及其他必要尺寸和说明。

　　② 部件装配图。根据总装配图所确定部件之间空间位置和主要尺寸，绘制部件装配图。部件装配图可以是执行机构的支撑部件或其他部件，也可以由一个或若干个执行机构组成。部件装配图必须将所有零件的装配关系表示清楚，即零件的相对位置、装配尺寸及配合符号、装配要求等。部件的设计基准尽可能与装配基准一致，同时尽可能采用国家标准件。最后将非标准件和标准件单独列成明细表。

　　③ 零件工作图。按照部件装配图的比例和所标的装配尺寸绘制零件工作图。零件工作图必须详细标出零件几何尺寸、尺寸的配合符号或公差值、形位公差、表面粗糙度、热处理要求、表面处理要求、材料、数量等。对于齿轮、弹簧等，应在零件工作图的右上方用表格注明主要参数、技术要求或说明等。

　　④ 电气系统。根据选用电动机型号、规格及其他方面的要求，与电气专业人员配合，绘制电气系统原理图、设计接线图、布线图、板图等电气施工图并选择电气元件。同时根据元件尺寸设计有关的机械构件，最后列出电气元件明细表。液（气）压系统设计与电气系统设计基本类同。

　　(4) 编写说明书。

　　① 编写设计说明书。须按顺序编写，论据必须可靠，计算必须准确，插图要清晰。主要内容包括：机械的技术性能、设计依据，各部件及系统图的说明，与同类机比较有哪些优点，各零部件的运动计算、动力计算、零件计算，以及在设计过程中涉及的其他问题。

　　上述设计步骤通常称为分段设计法，这种方法可以保证设计工作的周密与全面。但设计过程难免有反复，所以分段设计并非严格按顺序进行，必要时也可穿插进行。

　　② 编写使用说明书。说明书是给用户的使用指南，其内容包括自动机械的用途及应用范围、结构说明、调整环节说明、运输安装说明、试车说明、润滑和维修说明、可能发生的

故障及排除方法的说明、滚动轴承一览表、电气设备表、附件及备件表、易损零件及其零件图、验收标准及检验记录等。

（5）样机试制与鉴定。设计工作完成后就进入样机试制阶段。设计人员要深入加工现场，关心制造过程，参加装配、调试及鉴定。如发现问题要及时分析研究，提出修改办法。经多次修改，认定达到设计要求后，方可转入批量生产。

8.2   自动包装机传动系统的设计

自动机械的传动系统方案设计要考虑多方面因素，先应满足工艺和总体结构的要求。

本节通过对灌装封盖机传动系统几种设计方案的分析比较，总结出不同生产能力灌装封盖机传动系统的设计依据和关键，为此类机型传动系统的设计和改造提供参考。

8.2.1   传动系统运动分析

灌装封盖机是灌装—封盖一体化型自动机械，主要应用于含气液体如啤酒、可乐、气酒等产品的包装及封口。

灌装封盖时的运行路线参阅 6.2 节。容器（瓶或罐）由生产线的输送带送进灌装封盖机的螺旋输瓶器，以一定的间距被分隔后送入进瓶星轮，由进瓶星轮将其拨送到灌装系统的托瓶气缸上，灌装阀中心管插入容器内，完成整个灌装过程。装料后的容器经中间星瓶被拨送到封盖系统的瓶托上，完成封盖作业，最后由出瓶星轮将容器送到出瓶输送带上，送入生产线的下一工序。

因此，灌装封盖机的传动系统要实现以下几个部件的运动：螺旋输瓶器、进瓶星轮、灌装系统、中间星轮、封盖系统及出瓶星轮。

8.2.2   传动系统设计方案

（1）方案一 齿轮传动方式。图 8-1 所示是方案一传动系统示意。灌装机与封盖机采用同一调速电动机带动，通过一级皮带轮和蜗轮减速器变速后驱动封盖机。由封盖机主轴上的齿轮 Z_1 带动出瓶星轮轴上的齿轮 Z_2 和中间星轮轴上的齿轮 Z_3。由齿轮 Z_3 带动灌装机主轴

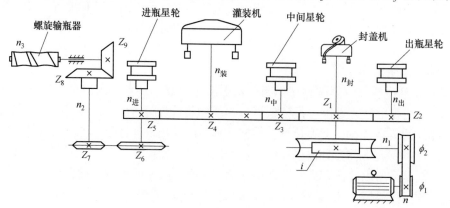

图 8-1   方案一传动系统示意

上的齿轮 Z_4 驱动灌装机运动。由齿轮 Z_4 带动进瓶星轮轴上的齿轮 Z_5 驱动进瓶星轮运动。链轮 Z_6 与齿轮 Z_5 同轴安装，带动链轮 Z_7 及一对锥齿轮 Z_8 和 Z_9 驱动螺旋输瓶器运动。

各传动部分的协调和同步，通过设计各齿轮副的速比和制造、安装、调校来达到要求。进瓶输送带运动由生产线上的输送系统配备。

图中主电动机的转速为 n，灌装机的转速为 $n_{装}$，封盖机的转速为 $n_{封}$，进出瓶星轮的转速分别为 $n_{进}$ 和 $n_{出}$，螺旋输瓶器的转速为 $n_{旋}$，蜗轮减速器的传动比为 i，经分析，则有如下关系式成立：

$$n_{封}=\frac{1}{i}\times\frac{\phi_1}{\phi_2}\times n \qquad n_{出}=\frac{1}{i}\times\frac{\phi_1}{\phi_2}\times\frac{Z_1}{Z_2}\times n$$

$$n_{封}=\frac{Z_4}{Z_1}\times n_{装} \qquad n_{进}=\frac{Z_4}{Z_5}\times n_{装}$$

$$n_{旋}=n_3=\frac{Z_6}{Z_7}\times\frac{Z_4}{Z_5}\times n_{装}$$

以上各式中，总是以主电动机的转速 n 或灌装机的转速 $n_{装}$ 为基准来确定其他各轮的转速。因此，灌装系统主轴的转速是设计各齿轮副的速比、制造安装、调节同步的关键参数，其转速受到灌装阀性能的限制。

另外，由于主电动机输出的能量要流经每一个星轮、灌装系统、封盖系统，故传动总效率低。

（2）方案二　同步带联动传动方式。图 8-2 所示是方案二传动系统示意。变频调速的主

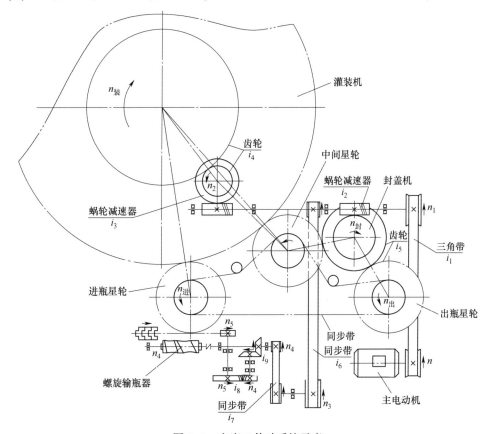

图 8-2　方案二传动系统示意

电动机，经过传动比为 i_1 的三角皮带轮变速后，带动传动比为 i_2 的蜗轮减速器，由蜗轮驱动封盖系统运动。灌装系统的运动是经过传动比为 i_1 的三角皮带轮、传动比为 i_3 的蜗轮减速器、传动比为 i_4 的一对齿轮驱动。螺旋输瓶器的运动是经过三角皮带轮，传动比分别为 i_6、i_7 的两条同步带传动。该条传动链经锥齿轮变向后，由传动比为 i_8 的一对直齿轮带动输送链道送进容器。由封盖机主轴上的一对传动比为 i_5 的齿轮驱动出瓶星轮运动，出瓶星轮轴上安装有三联同步带，来带动中间星轮和进瓶星轮运动。

图中主电动机的转速为 n，灌装机的转速为 $n_{装}$，封盖机的转速为 $n_{封}$，进出瓶星轮的转速分别为 $n_{进}$ 和 $n_{出}$，螺旋输送器的转速为 $n_{旋}$，两个蜗轮减速器的传动比分别为 i_2 和 i_3，经分析，则有如下关系式成立：

$$n_{装}=\frac{1}{i_1}\times\frac{1}{i_3}\times\frac{1}{i_4}\times n \quad n_{封}=\frac{1}{i_1}\times\frac{1}{i_2}\times n \quad n_{封}=\frac{i_3\times i_4}{i_2}\times n_{装}$$

为了体现模块化、系列化的设计理念，使标准件、外购件采购规范化。灌装封盖机设计时一般采用 $i_2=i_3$，则有：

$$n_{封}=i_4\times n_{装}$$

$$n_{出}=\frac{i_3\times i_4}{i_2\times i_5}\times n_{装}=n_{进}=n_{中}$$

$$n_4=n_{旋}=\frac{1}{i_1}\times\frac{1}{i_6}\times\frac{1}{i_7}\times n=\frac{i_3\times i_4}{i_6\times i_7}\times n_{装}$$

（3）方案三 蜗轮减速器传动方式。大型灌装封盖机的传动一般采用蜗轮减速器传动，带动灌装系统、封盖系统及各星轮运动，图 8-3 所示是其传动系统示意。

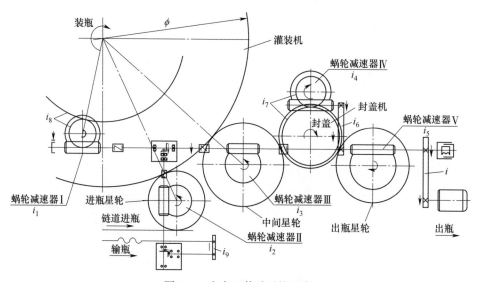

图 8-3　方案三传动系统示意

变频调速的主电动机经过一级皮带轮变速后，将动力传动至蜗杆轴上，由蜗轮减速器 I 和一对减速比为 i_8 的齿轮驱动灌装机运动。由蜗轮减速器 III 直接驱动中间星轮运动。由蜗轮减速器 V 直接驱动出瓶星轮运动。蜗杆轴上安装一对减速比为 i_6 的同步齿形带传动到蜗轮减速器 IV，与减速比为 i_7 的一对齿轮驱动封盖机运动；蜗轮减速器 II 直接驱动进瓶星轮。同时，蜗轮减速器 II 的蜗杆轴上安装一对锥齿轮及同步带轮来驱动螺旋输送器运动。

这种传动方式因每个运动部分有各自的动力，设计时必须以灌装机的转速 $n_{装}$ 为基准参数，采用 PLC 控制技术，调节各运动部分的同步关系。

依据生产能力 Q、瓶型规格、灌装阀工艺及结构等确定 $n_{装}$、$n_{封}$ 与 $n_{旋}$ 之间的关系。若灌装机头数为 $N_{装}$，封盖机头数为 $N_{封}$，则有：$\dfrac{n_{装}}{n_{封}} = \dfrac{N_{封}}{N_{装}}$

上述三种传动方案分别适用于不同生产能力的灌装封盖机。

方案一主要应用于生产能力低、传动路线短的小型机，小型机占地面积小，结构紧凑，设计成齿轮副传动方式，其齿轮的设计、制造、安装，以及机器的调校比较方便，如灌装阀数为 48 头以下的啤酒灌装封盖机。

方案二主要应用于中等生产能力机型，这样既保证了机器结构的紧凑性，又使设计、制造、安装及机器的调校较为方便，如灌装阀数为 60 头的啤酒灌装封盖机就采用此种方案。

方案三主要用于生产能力高、自动化程度高的大型机，整机采用 PLC 控制，变频调速方式实现其同步协调比较方便，如灌装阀数为 100 头以上的啤酒灌装封盖机就采取此种传动方式。

实践证明，三种方案在灌装封盖机系列化机型上都能够满足要求。其实灌装封盖机的传动并不仅限于此三种方式，设计时要根据实际情况广泛地调研，根据传递运动的具体情况正确分析，合理选择出最佳的设计方案。

8.2.3　传动系统设计实例

这里以公称生产能力为 4 万瓶/h，灌装阀工位数为 120 个，封盖头工位数为 20 个的高生产能力含气液体灌装封盖机传动系统的设计为例。

图 8-4 所示是灌装封盖机的瓶流路线示意。按照图示路线，灌装封盖机的传动系统要完成以下几个动作：由主传动传至螺旋输瓶器（或定距星轮）、进出瓶星轮、中间星轮、灌装系统、封盖系统。

通过方案的分析对比，对于高生产能力灌装封盖机的传动方式，确定使用方案三（图 8-3）。

（1）转速比的确定。依据灌装封盖机的生产率与其转盘的工作转速、灌装阀的分布数量关系。欲保证灌装封盖机正常地实现进瓶→灌装封盖→出瓶的工艺动作，其进瓶输瓶带的速度 $v_{输}$、灌装系统转速 $n_{装}$、封盖系统转速 $n_{封}$、螺旋输瓶器的转速 $n_{螺}$ 必须保持一定的同步运行关系。

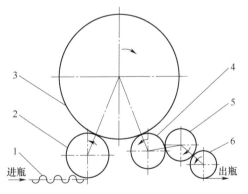

1—螺旋输瓶器　2—进瓶星轮　3—灌装系统
4—中间星轮　5—封盖系统　6—出瓶星轮

图 8-4　瓶流路线示意

依据生产能力 Q、瓶型规格、灌装阀工艺及结构特点等综合分析，确定有关参数，如灌装封盖机瓶间距 p、各拨瓶星轮的槽数等参数。

若灌装阀工位数为 $N_{装} = 120$ 个，封盖工位数为 $N_{封} = 20$ 个，则有：$n_{装} : n_{封} : n_{螺} = 1 : 6 : 120$，这是设计传动系统的关键。

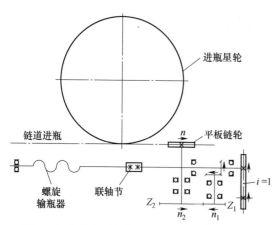

图 8-5   中输瓶-链道进瓶-i_9 间的传动关系放大图

设计时要根据结构合理选择各个蜗轮减速器的传动比，如本例中选择蜗轮减速器Ⅰ、Ⅱ、Ⅳ、Ⅴ的传动比 i_1、i_2、i_4、i_5 均为 20，蜗轮减速器Ⅲ传动比 $i_3 = 25$。

采用变频调速控制方式，做到速度可调。

（2）进瓶输送带与进瓶星轮的运动关系。进瓶输送带实现瓶子的输送，由螺旋输瓶器实现定位，传至进瓶星轮。由主传动传至螺旋输瓶器、进瓶输送带的传动方式如图 8-5 所示，链道进瓶输瓶带由平板链轮带动。

进瓶星轮拨瓶点的线速度为 $v_{进} = 2\pi n_{进} R_{进}$

式中 $R_{进}$——进瓶星轮拨瓶点半径（mm）；

$n_{进}$——进瓶星轮转速（r/min）。

输送链轮送瓶点的线速度为 $v_2 = 2\pi n_2 R_2 = kv_{进}$

式中 R_2——链轮节圆半径（mm）；

n_2——输送链轮转速（r/min）。

为了保证瓶子的连续供送，通常设计时要考虑输送带的运动速度稍大于进瓶星轮拨瓶点的线速度，故取 $k = 1.01 \sim 1.1$。

（3）传动系统零部件结构设计。在对传动系统的传动比分析计算的基础上，须绘制传动系统有关技术图样，包括传动系统原理图、装配结构图、零件图等。有关传动系统具体的零部件结构设计，在此不便赘述。

8.3   自动包装机整体设计

本节以一种圆锥台形状产品的自动包装机设计为例，简单介绍自动机的整机设计过程，仅供参考。

8.3.1   设计基本条件及要求

该产品参数、包装要求及设备要求见表 8-1。

表 8-1   产品参数、包装要求及设备要求

项目	产品参数及要求	备注
包装对象	图示圆台形粒状糖果，大径 24mm，小径 17mm，台高 12mm	

续表

项目	产品参数及要求	备注
包装材料	铝箔卷筒纸,厚度 0.008mm	
生产能力	要求生产纲领为每班产量 570kg,折算后包装机的正常生产率为 120 粒/min;采用无级调速,生产率范围为 70~130 粒/min	
对包装质量要求	采用折叠裹包的包装形式,如图示。 要求包装后产品外形美观、平整,铝箔纸无明显损伤、撕裂、褶皱	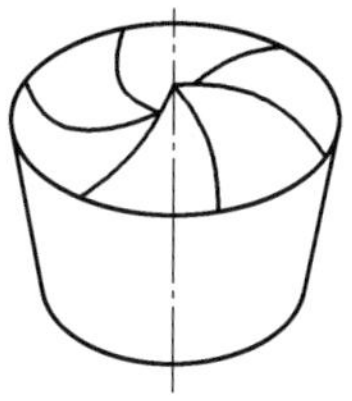
对包装设备要求	包装机结构简单、工艺先进、工作稳定可靠、操作安全方便、维修易、成本低	

8.3.2 工艺分析与确定

(1)待包物料的分析。待包装的圆台形状糖果,轮廓清楚,但质地松软,易碰损。考虑机械包装执行机构动作时,应充分考虑该物料的特点,以保证包装质量。

先要解决原料供送问题。此类物料一般不适合料斗式、振动式或抓取式送料方式,宜采用人工推送到传送带上送料。若能将包装机的进料系统直接与糖果成型机出口衔接,则容易解决上料问题。

(2)包装材料的分析。包装材料采用厚度为 0.008mm 的卷筒式金色铝箔膜纸,其特点是薄且脆,抗拉强度小,易撕裂,易产生褶皱。因此在设计供膜装置时,要注意供膜速度。一般的,包装速度越高,纸受到的拉力就越大。

根据经验,一般供纸速度小于 500mm/s。根据包装工艺,本机采用卷筒纸水平输送,间歇式剪切供纸。

(3)拟定包装工艺方案。根据人工包装的程序,针对产品包装质量要求,初步拟定的包装工艺分解如图 8-6 所示。

① 如图 8-6(a)所示,将 64mm×64mm 铝箔纸覆盖在糖果 ϕ17mm 小端上方。

② 如图 8-6(b)所示,使铝箔纸沿糖块圆锥面强迫成型。

③ 如图 8-6(c)、图 8-6(d)所示,将余下的铝箔纸分成两半,先后向 ϕ24mm 大端中央折去,迫使包装纸紧密贴合糖果。

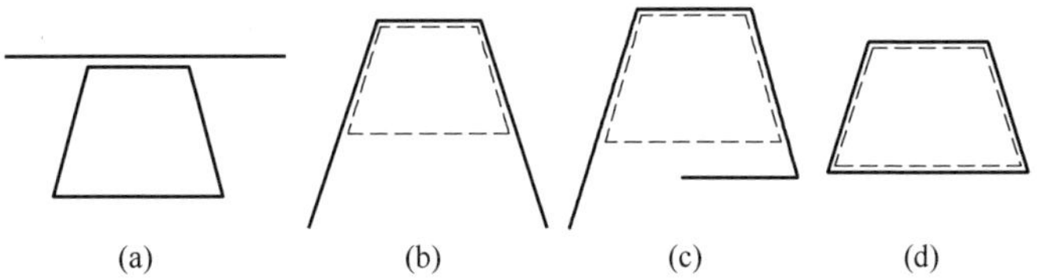

上述包装工艺须经过试验。

第一次工艺试验。如图

图 8-6 包装工序分解

8-7 所示,采用刚性锥形模,用手推动顶糖杆 3 将糖果与其上面覆盖的铝箔纸 2 一起往上,进入锥形模腔室,强迫成型。

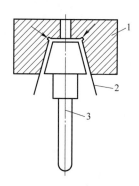

1—刚性锥形模　2—铝
箔纸　3—顶糖杆
图 8-7　第一次工艺试验

试验结果表明，基本符合要求，但还存在问题，一是因糖块成形的外形尺寸误差较大，使糖块与刚性锥形模之间的间隙大小不一。间隙太小，易使包装纸撕裂甚至拉断；间隙太大，易造成包装纸在糖粒表面不平整。二是发现糖块常常贴在腔内不易自由落下。此外，顶糖杆上顶时常有碰坏糖块的情况。说明本方案还须改进。

第二次工艺试验。如图 8-8 所示，当钳糖机械手 6 转至装糖位置时，接糖杆 4 向下运动，顶糖杆 8 向上推糖块 7 和铝箔纸 9，使糖块和铝箔纸处于顶糖杆与接糖杆之间，然后它们同步上升，进入钳糖机械手，迫使铝箔纸成型，如图 8-8（b）所示。接着折边器 10 向左折边，如图 8-8（c）所示。然后转盘 2 带着钳糖机械手做顺时针转动，途经环形托盘 5，使铝箔纸全部覆盖在糖块的 $\phi24mm$ 大端面上，完成全部包装工艺，如图 8-8（d）所示。

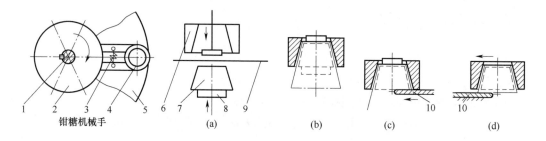

钳糖机械手　　　　　　　　(a)　　　　　　(b)　　　　(c)　　　　　(d)

1—转轴　2—转盘　3—弹簧　4—接糖杆　5—环形托盘　6—钳糖机械手
7—糖块　8—顶糖杆　9—铝箔纸　10—折边器
图 8-8　钳糖机械手及糖块包装工艺

此次试验没有发生铝箔纸撕裂和拉断现象，糖块也没有被碰坏。但包装纸表面还不够光滑，有时还会发生褶皱现象，还须进一步改进。

反复几次试验，发现只须用柔软物轻抹一下铝箔纸，后者便能很光滑平整地紧贴在糖块表面上，达到预期的包装要求。因此增设了一个用软性尼龙丝做成的锥形毛刷圈，在顶糖过程中，先让糖块和铝箔纸通过这个毛刷圈，然后再进入机械手成形，结果包装光滑、平整、美观，完全满足质量要求。图 8-9 是改进后的糖块包装成型机构。

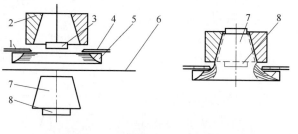

1、4—折边器　2—钳糖机械手　3—接糖杆　5—锥
形毛刷圈　6—铝箔纸　7—糖块　8—顶糖杆
图 8-9　改进后的糖块包装成型机构

另外，考虑到落糖的可靠性，在成品出料口增设了一个拨糖杆，确保机械手中的糖块落到输送带上。经过反复试验和改进，确定了可靠的工艺方案。

8.3.3　整体设计实例

（1）机型选择及总体布局。糖果包装产品属于大批量生产的食品，可选择全自动机型。

从产品包装工艺过程分析，选择回转式工艺路线多工位自动机。根据包装工艺路线分析，需要进料、成型、折边、出料这些工序，因此，包装机采用回转型六槽槽轮机构作为糖块步进主传送机构。

综合考虑各方面条件，确定总体布局形式，解决包装机的主传动系统和执行机构间的相互位置关系。尤其要考虑包装工艺要求，布局形式要有利于产品包装，有利于机构简化，有利于操作与维修。

此糖果包装机总体布局如图 8-10 所示。

（2）执行机构设计。根据确定的包装工艺方案，可确定自动包装机的执行机构有送糖块机构、供纸机构、接糖及顶糖机构、抄纸机构、拨糖机构、钳糖机械手开合机构、转盘间歇传动机构等。

① 钳糖机械手及进、出糖机构。图 8-11 所示是钳糖机械手及进、出糖机构。位置 I 为机械手入糖工位，位置 II 为机械手出糖工位。

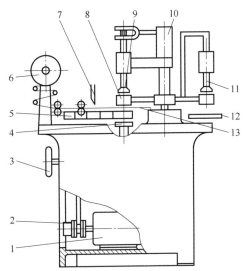

1—电动机　2—无级变速器　3—盘车手轮　4—顶糖机构　5—送糖盘　6—供纸部件　7—剪切刀　8—机械手转盘　9—接糖机构　10—凸轮箱　11—拨糖机构　12—糖块输送带　13—包装纸

图 8-10　糖果包装机总体布局

图中机械手的开合动作，由机械手开合凸轮 8 控制，机械手开合凸轮 8 的轮廓线由两个半径不同的圆弧组成，当从动滚子在大半径弧上时，机械手张开，从动滚子在小半径弧上时，机械手靠弹簧 6 闭合。

② 顶糖和接糖机构设计。图 8-12 所示是顶糖和接糖机构。接糖杆的运动不仅有时间上的顺序关系，也有空间上的相互干涉关系，因此其运动循环设计必须遵守空间同步化原则。此外，当接糖杆与顶糖杆同步上升时，不应使其夹紧力过大，以免损伤糖块，同时还应使夹紧力保持稳定。因此，接糖杆的头部采用橡皮类弹性元件制成。

③ 供纸机构设计。本机需要水平供纸，故宜采用间歇剪切供纸机构，它的工作原理可参考图 8-10 的供纸部件 6。设计供纸机构部件时，要特别注意以下几点：

a. 卷筒铝箔纸有明显的弯曲变形，必须设置校直机构。

b. 为防止铝箔纸被拉破，应尽量减少导轮、滚轮的摩擦阻力。

c. 卷筒纸在转动时有惯性存在，为避免放纸过多而引起的褶皱，影响包装工作正常进行，应采取适当的制动张紧措施。

d. 卷筒纸每班要换若干次，为便于卷筒纸的安装，应采用快速安装定位结构，如快紧螺母机构。

e. 拉纸滚轮之间的压紧力要适当，一般采用可调弹性结构。

f. 卷筒铝箔纸的轴向位置应可微调，以使纸片和糖块的相对位置正确无误。

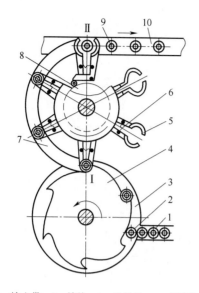

1—输入带　2—糖块　3—送料盘　4—星形拨轮
5—糖钳机械手　6—弹簧　7—托板
8—机械手开合凸轮　9—包装后糖果　10—输出带

图8-11　钳糖机械手及进、出糖机构

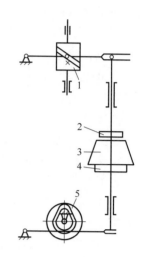

1—圆柱凸轮　2—接糖杆　3—糖块
4—顶糖杆　5—平面槽凸轮

图8-12　顶糖和接糖机构

（3）传动系统设计。在设计本机传动系统时，有两个重要参数要充分保证。一是分配轴的转速和调速范围，二是送纸长度。此包装机为专用自动机械，宜采用机械传动。根据包装工艺及基本参数等要求，拟定图8-13所示的传动系统。

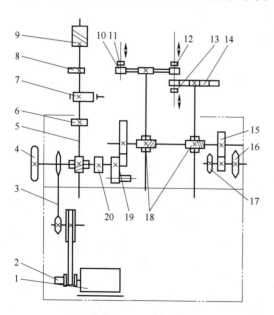

1—电动机　2—无级变速器　3—传动链条　4—盘车手轮
5—分配轴　6—剪纸刀凸轮　7—拨糖杆凸轮　8—折纸板
凸轮　9—接糖杆凸轮　10—糖钳机械手　11—拨糖杆
12—接糖杆　13—顶糖杆　14—送糖盘　15—齿轮
副　16—供纸部件链轮副　17—输送带链轮　18—螺旋
齿轮　19—槽轮机构　20—顶糖杆凸轮

图8-13　传动系统示意

选择电动机功率为 0.4kW，转速 1440r/min。根据前述生产率范围为 70～130 粒/min，即分配轴转速为 70～130r/min。采用带轮、链轮两级减速，总减速比为 $i_{总}=1/(11\sim20.6)$，其中带轮减速比 $i_{带}=1/(4.4\sim8)$，链轮减速比 $i_{链}=1/2.67$。

通常将低速轴的大带轮做成固定直径，设计大带轮直径为 320mm，高速轴上的可调直径小带轮的最小直径、最大直径分别为 $D_{min}=40mm$，$D_{max}=70mm$。

对送纸长度及其传动进行分析。利用六槽槽轮机构传动，拨销每转一转，即分配轴每转一转，槽轮转过一个槽，即完成一粒糖块的包装。槽轮转动时，同时驱动送纸机构、出糖与进糖传送带及拨糖盘动作。

根据包装要求，每次送纸长度为

64mm。由图 8-13 可知，当槽轮机构 19 转动时，通过供纸部件链轮副 16 使送纸滚轮（图中未画）转动；当槽轮停止转动时，送纸滚轮也停止转动。参考同类机械及本机位置结构，取送纸滚轮直径 $D = 30$mm，因每次送纸长度为 64mm，则送纸滚轮每次必须转 n 转，即：

$$n = 64/\pi D = 64/(\pi \times 30) = 0.679 \approx 2/3（转）$$

对于六槽槽轮机构，槽轮每转 1/6 转，送纸滚轮应转 2/3 转才能满足送纸要求。根据传动链两端件（起端件为槽轮，终端件为送纸滚轮）的速度比，可确定中间传动零件的传动比和相关传动零件的参数。

（4）工作循环图设计。根据前述综合分析，以钳糖机械手转盘刚开始转动时刻作为各个执行机构的运动起点，设计此包装机的工作循环图如图 8-14 所示，详细可参阅第 2 章有关内容。

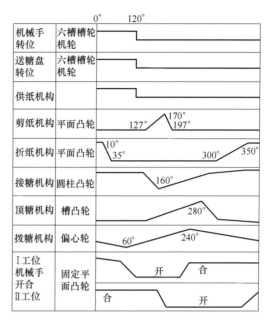

图 8-14　包装机工作循环图

另外，还须编写设计说明书、包装机使用说明书等技术文件，这里不再赘述。

思考及综合分析题

1. 自动机总体设计包括哪些内容？试简述其设计步骤。
2. 确定传动方案时应注意哪些原则？
3. 结构设计通常包括哪些内容？
4. 从章节 8.2 和 8.3 的设计实例中，你得到哪些收获和体会？
5. 设计一种用于豆腐乳的自动充填包装机，包装容器为广口瓶，瓶口内径为 42mm，容量为 400mL。

参 考 文 献

[1] 刘安静. 包装生产线设备安装与维护 [M]. 北京：中国轻工业出版社，2020.

[2] 詹启贤. 自动机械设计 [M]. 北京：中国轻工业出版社，1987.

[3] 孙智慧，高德. 包装机械 [M]. 北京：中国轻工业出版社，2010.

[4] 藤森洋三. 供料过程自动化图册 [M]. 贺相，译. 北京：机械工业出版社，1985.

[5] 戚长政. 自动机与生产线 [M]. 3 版. 北京：科学出版社，2017.

[6] 雷伏元. 自动包装机设计原理 [M]. 天津：天津科学技术出版社，1986.

[7] 李绍炎. 自动机与自动线 [M]. 北京：清华大学出版社，2007.

[8] 厉玉鸣. 化工仪表及自动化 [M]. 北京：化学工业出版社，2011.

[9] 梁森. 自动检测与转换技术 [M]. 北京：机械工业出版社，2010.

[10] 廖常初. PLC 基础及应用 [M]. 3 版. 北京：机械工业出版社，2014.

[11] 刘新宇. 电气控制技术基础及应用 [M]. 北京：中国电力出版社，2014.

[12] 尚久浩. 自动机械设计 [M]. 北京：中国轻工业出版社，2003.

[13] 许林成. 包装机械原理与设计 [M]. 上海：上海科学出版社，1988.

[14] 周文玲，刘安静. 灌装线设备安装与维护 [M]. 北京：机械工业出版社，2011.

[15] 赵松年. 机电一体化机械系统设计 [M]. 上海：同济大学出版社，1990.

[16] 中国轻工总会. 轻工业装备技术手册 [M]. 北京：机械工业出版社，1997.

[17] 周殿明. 注塑成型中的故障与排除 [M]. 北京：化学工业出版社，2002.

[18] 潘杰. 现代印刷机原理与结构 [M]. 北京：化学工业出版社，2010.

[19] 唐万有. 印后加工技术 [M]. 2 版. 北京：中国轻工业出版社，2018.

[20] 中华人民共和国轻工行业标准 QB/T 2373—2018《制酒机械 灌装压盖机》.

[21] 中华人民共和国轻工行业标准 QB/T 2570—2024《贴标机》.

[22] 中华人民共和国轻工行业标准 QB/T 1080—2020《啤酒玻璃瓶灌装生产线》.

[23] 周文玲，刘安静. 灌装封盖机传动系统设计方案的比较研究 [J]. 包装工程，2007（3）：91-92，99.